给孩子的基础科学启蒙书

地球，太有趣了！

柠檬夸克 ---- 著
得一设计 ---- 绘

 化学工业出版社

·北京·

图书在版编目（CIP）数据

地球，太有趣了！／柠檬夸克著. —北京：
化学工业出版社，2023.4
（给孩子的基础科学启蒙书）
ISBN 978-7-122-42883-7

Ⅰ．①地… Ⅱ．①柠… Ⅲ．①地球－青少年读物
Ⅳ．① P183-49

中国国家版本馆 CIP 数据核字（2023）第 022627 号

责任编辑：张素芳　　　　　　　　　文字编辑：陈小滔　袁　宁
责任校对：王　静
装帧设计：尹琳琳　梁　潇

出版发行：化学工业出版社（北京市东城区青年湖南街 13 号　邮政编码 100011）
印　　装：中煤（北京）印务有限公司
710mm×1000mm　1/16　印张 10¼　字数 180 千字　2023 年 8 月北京第 1 版第 1 次印刷

购书咨询：010-64518888　　　　　　售后服务：010-64518899
网　　址：http://www.cip.com.cn
凡购买本书，如有缺损质量问题，本社销售中心负责调换。

定　价：39.80 元

目 录

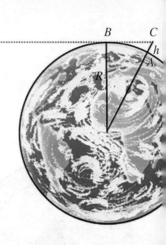

第9章　地震来了怎么跑---- 101

第10章　地，你什么时候震---- 111

第11章　柠檬气象台---- 117

第12章　天气预报什么时候不准---- 129

第 1 章

为什么地球是圆的

我还常被加上两撇胡子呢!

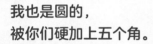

我也是圆的,
被你们硬加上五个角。

哎，问你个问题，你说咱们居住的这颗星，为什么叫地球呢？为什么不叫"地方"啊？

哈哈，柠檬你真逗！这个问题有点"弱智"哦！因为地球不是方的，是圆的呀！这谁不知道？

 可是我们看到的大地是平的啊，你怎么知道地球是圆的呢？

我说柠檬，你看没看过书啊！麦哲伦在 16 世纪就完成了环游世界的壮举，这就能证明地球是圆的啦！

镜头回放：麦哲伦远航

　　柠檬当然知道这件事，而且还知道，其实真正完成环游世界的并不是麦哲伦，而是麦哲伦的同伴。麦哲伦是一个葡萄牙的探险家和航海家，也是一个做了不少坏事的强盗。他曾经作为远征军的一员，先后到达过非洲东部、印度和马六甲等地区，抢夺当地的财富。

　　1519 年 9 月 20 日，在西班牙国王的资助下，麦哲伦带领 5

艘船开始环球航行。他从西班牙出发，先横渡大西洋到达巴西，然后沿南美洲海岸航行，绕过智利南端的弗罗厄德角进入太平洋。随后，麦哲伦的团队横渡太平洋到达菲律宾。在菲律宾，麦哲伦参与了当地部族之间的战争，结果丢了性命，没能完成他的航行。麦哲伦死后，他的同伴完成了环游世界的壮举。从此，人们认识到地球是圆的。

　　到这里，人们只是知道了地球是圆的。可为什么是圆的呢？它长成圆球形，有没有道理呢？

太阳也是圆的，月亮也是！

哎呀！现在的小孩真是了不得！说得一点没错！我给你补充一下，还有金星、木星、水星，它们也都是圆的。

星星都是圆的，所以又叫星球。星球大战嘛！哪听说过"星三角大战"？那是什么玩意儿？

嗯，你说星星都是圆的，这个不太准确，待会儿我告诉你。现在我们先说说，是什么原因让很多星星都长成圆的呢？

砸中牛顿的苹果

要回答为什么这些星星都是圆的，就要从宇宙的主宰——万有引力说起。万有引力主宰着我们的宇宙，大到满天星辰，小到灰尘粒子，都要受到万有引力的作用。万有引力最早是英国科学家牛顿发现的。可能你听说过英国有一所很有名的大学，叫剑桥大学。牛顿就是从剑桥大学的三一学院毕业的。

很不走运，牛顿在大学毕业那年正赶上英国爆发大规模的鼠疫——一种严重的烈性传染病，十分可怕。牛顿不得不离开伦敦，回到乡下的家里去躲一躲。相传有一天牛顿正坐在树下思考问题，突然有一个熟透的苹果从树上掉了下来，砸中了牛顿那个智慧的脑袋。

如果是我柠檬的话，看见有苹果掉下来，一定嘿嘿一笑，捡起来吃掉。可要不怎么说人家是牛顿呢？牛顿就没急着吃，而是端详着苹果想到了一个问题：为什么苹果熟了以后会向下落，而不是向天上飞呢？他还想到，为什么月亮会一直绕着地球转，而不是飞离地球呢？是什么力量使得月亮不能飞走？

牛顿想啊想，想啊想，不停地想……最终，牛顿想到了让苹果落地的力和拉住月亮的力是同一种力，他给这种力起个名叫"万有引力"。牛顿认为，任何两个物体之间都存在万有引力，也就是说，

任何两个物体之间都存在相互吸引的力。正是这个万有引力，把熟透的苹果拽向地面，也正是这个万有引力，拽着月亮，不让它飞跑。

压力"山"大

现在，我们知道，地球上所有的物体都会受到万有引力的作用。在万有引力的作用下，任何一个物体都会尽量靠近地心，这也是苹果落地的原因——地面比苹果树更加靠近地心。

太阳、木星、土星等都是气体星球。对于气体星球来说，为了保证所有的物质都尽可能地靠近星球中心，这颗星球一定是球形的。因为球形物体最外层物质与球心的距离都是一样的。

地球是固体星球。与气体不同的是，固体可以保持自己的形状，所以地球上有山川河流。如果地球上山的高度和地球半径差不多，那绝对不能称地球为"球"。可如果地球上山的高度远远小于地球半径，那我们就可以把地球近似看作球形。也就是说，地球是否是球形，取决于地球上山的高度。

我们知道，地球上最高的山峰是珠穆朗玛峰，它的高度是8848.86米，这个高度与地球的半径6400千米——也就是640万米相比，就像足球上的一粒灰尘一样，可以忽略不计。

那么地球上的山最高能有多高呢？有没有可能出现一座高度与地球半径差不多的高山呢？

答案是：不可能。因为地球上的每一座山，在受到地球对它的万有引力的同时，还会给山脚下的泥土施加一个压力。这个压力与万有引力是一样大的。山越高，山的体积就越大，地球对山的引力就越大，山脚下的泥土所承受的压力也就越大。压力达到一定程度以后，山脚下的泥土就会不堪重负，向四周移动，从而使山的高度降低。想想你在沙滩上堆沙子的时候，沙山是不是不能堆得太高？要是堆得太高，沙山就会坍塌。

经过简单的计算，我们知道了：地球上的山，最高只能达到10000多米，不可能更高了。珠穆朗玛峰的高度已经很接近这个高度了。前面已经说了，这个高度与地球半径相比，实在是太小了，所以我们说地球是圆的。

当然，由于自转的影响，地球并不是一个特别标准的球体。人造地球卫星给地球拍的照片显示，地球的两极略扁，赤道略鼓，是一个不太规则的球体。

除了地球以外，其他所有的星体，对自己表面的物体都有万有引力。所以，所有的星星上的山都不能想长多高就长多高，而且越是块头大的星星，上面的山越矮。月亮的个头比地球小，月亮上最高的山可是有9000多米高，比地球"一哥"珠穆朗玛峰还高。火星的质量只有地球的1/10，可火星上最高的山有27000米高，是珠穆朗玛峰的3倍。尽管山高2万多米，可和火星的半径340万米相比，还是可以忽略，火星仍然是圆的。

所有的星星都是圆的吗

由于万有引力的作用，所有大质量的星星，包括太阳、太阳系的八大行星、月亮等一些卫星，都是圆的。不过对于小行星来说，就不是这样了，它们的质量小，万有引力也小，很多小行星上山峰的高度和小行星本身的大小差不多，这样它们就不是球形的了，而是奇形怪状的。

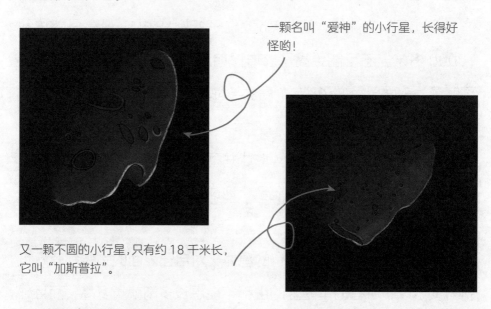

一颗名叫"爱神"的小行星，长得好怪哟！

又一颗不圆的小行星，只有约18千米长，它叫"加斯普拉"。

 柠檬悄悄话

太阳，包括它的八大行星，还有月亮，可不仅是光秃秃的圆球噢！它们个个有料，新奇乐事趣多多。想知道的话，就请看本套书《天文，太有趣了！》第8章、第9章"'柠檬号'太阳系飞船（上、下）"。

第 **2** 章

"极"其奇妙的地方

真奇怪，在北极怎么找不着那根撑天的柱子呢？

极点

一个只要原地转圈，就能环绕地球一周的地方。一个没有上北下南左西右东，让地理常识作废的地方。一个能看见自然界最美丽最壮观的光的地方。

柠檬，你说的是哪里啊？

 这个地方太冷了，简直冷死了！没有专业装备和专业训练，千万别去送死。这个地方，大多数人一辈子都不会有机会去一次。

到底是哪里？

 这是一个极其奇妙的地方，哦，对不起！准确地说，这是两个地方。

我都让你给弄晕了！柠檬，你到底说还是不说啊？

 我说，我马上就说！

见过地球仪吗

　　我说的就是地球仪的转轴穿过的那两个地方，一上一下，也就是地球的北极点和南极点。哦，当然，实际上如果你真到了地球的北极点或者南极点，千万不要在地面上东寻西找，团团转几圈后，咬着牙说："骗人！这里根本没有一根通天的柱子嘛。"是的，这里确实没有。

　　南北极，不仅极其奇妙，而且极其让人"抓狂"！我们对时间的感觉，首先被"放倒"。

 小克，告诉我，如果没有手表，你怎么知道时间？

看我爸的手机！

 这和看手表有什么区别吗？说个别的办法！原始一点的方法。

原始？怎么原始？那就只好问别人了。

唉！没招儿了！谁让你们这一代生下来，睁开眼看见的就是现代化工具呢。还是我来说吧，人类对时间最原始的感觉，来自看天上的太阳和星星啊！现在我们的语言里，还保留了"日上三竿"和"斗转星移"这样的词语呢！

啊！我以为你的问题，答案都是很"高科技的"……

 谁说的？你尽可以放飞想象力啊！

　　我们知道，地球一刻不停地自转，地球自转一圈的时间是24小时。在地球上随便什么地方仰望星空，你都会发现，天上的星星都和太阳一样，在自东向西运动。这样人们可以根据太阳和星星在天空上的位置来确定时间。

　　不过有两个地方例外，那就是南极点和北极点。它们是地球的自转轴和地面的交点。在南极点和北极点，天上的星星基本上是不动的！这个不动，指的是在一天之内，光凭肉眼，很难看出它们在动。所以，要是没有手表，你都不知道一天就这么过去了。得！最省事的"免费手表"，到了南北极"不转"了。

找不到北的北极

不是手表！是天表！柠檬，你用词不当，你能把太阳戴在手上吗？

不能，那得烧死我！你说得对！那怎么简单地判断，自己到了南极点或者北极点呢？

你刚才不是说了吗？抬头看见太阳一动不动，那个地方，一定是极点喽。

咦？我怎么觉得自己像是一个老师，出了一份考卷，却把答案印在卷子上了呢？

哈哈！老师有点"秀逗"哦！哈哈哈哈哈……

半年白天，半年黑夜

别笑了！不是柠檬笨，是因为说到北极，我就找不着北了。

在北极点，向四周看过去，哪个方向都是南！北极是地球上最北最北的地方。

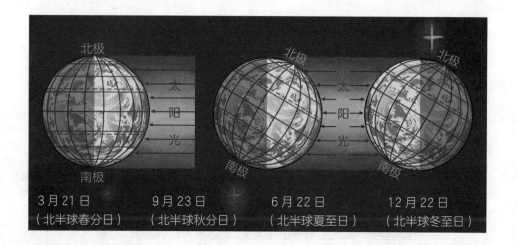

| 3月21日 | 9月23日 | 6月22日 | 12月22日 |
| （北半球春分日） | （北半球秋分日） | （北半球夏至日） | （北半球冬至日） |

柠檬悄悄话

　　春分、夏至、秋分、冬至，这都是什么啊？这都是节气，中国传统的二十四节气。这些日子意味着什么呢？请看本套书《天文，太有趣了！》第7章"二十四节气透露了啥"，那里会告诉你更多。

　　在北极点，每年中有半年的时间，太阳永远都不会落山。春分那天，太阳从地平线上升起，然后一直向头顶运动。直到夏至那天，达到最高点。然后，太阳开始向地平线运动，直到秋分那天落下。在这半年里，你随时都能沐浴在阳光中，没有夜晚，这种情况称为极昼。另外那半年呢，日复一日的黑夜，根本没有白天，叫极夜。

　　极昼和极夜是你在这头，我就在那头，遥遥相望。夏天，北极会出现极昼，而南极则会笼罩在极夜之中；冬天则相反，南极是极昼，北极是极夜。

并不是只有在北极点或南极点才会出现极昼或极夜，北极和南极附近的地区都有，只不过持续的时间不同。在极点，极昼和极夜各持续半年；离极点越远，极昼和极夜持续的时间就越短。在北极圈和南极圈附近，一年只有一天的时间是极昼或者极夜，北极圈极昼这一天，太阳会从东转到南，再转到西方，最后转到北方，但永远不会升到头顶。

　　你看，这个地方是不是"极其奇妙"？先把时间感觉放倒，然后让地理常识作废！

　　"上北下南左西右东"的地理常识到了极点就失效了。在北极点，你的前后左右都是南方；而在南极点，你的前后左右都是北方。也不能说完全没有好处，起码有一个好处——你只需要站在极点上，原地转一圈，就可以向全世界自豪地宣布：我，已经环绕地球一周了！

　　那怎么才能找到北极点呢？总不能一边走，一边抬头看太阳吧。在这里看，唔！太阳还在动，不是，再找……科学家们要是这样去北极点考察，肯定还没走到北极点就给累死了。

是啊，咱们平时去野外，都会带上指南针帮我们辨别方向。你说，去找北极点，可不可以让指南针帮忙呢？

我觉得可以。

 哈哈，这样你也会被弄得找不着北。

在这儿，指南针也会失效

呜呜呜……指南针到了两极——悲剧！

想让指南针帮助找到北极点，是行不通的。因为地理上的北极点和地磁场的极点是不重合的。

指南针为什么能指南呢？是因为地球磁场的存在。宇宙中大部分的星星都有属于自己的磁场，地球也不例外。地磁场的存在，让我们可以用指南针来辨别方向。可是，地磁场的方向实际上并不是正南正北的，也就是说，地磁场的磁极和地球的南北极并不重合。不仅如此，地磁场的磁极还在不断地变化。2005 年，美国俄勒冈州立大学的科学家约瑟夫·斯托纳告诉我们，在过去的 150 年里，

北极点附近磁场的磁极，向北极点移动了 1100 千米，而且移动速度还比以前快了许多。

　　所以如果你把一个指南针带到南北极，我想，它一定很不情愿。因为等待它的命运将是悲惨的！站在北极点上，指南针一定"奋不顾身"地指向地磁极点。如果你站在地磁极点上，指南针立刻就会站起来——这样的日子我不过了！我造反！

　　虽然指南针不好使了，不过借助先进的卫星定位系统，科学家们还是能够很容易地找到北极点和南极点。

好冷，好冷

　　南北极是地球上最冷的地方，永远都被厚厚的冰雪覆盖。

　　先说说离我们比较近的北极地区吧。1 月份的平均气温低至零下 40 摄氏度到零下 20 摄氏度，就算是最温暖的 8 月，平均气温也只有零下 8 摄氏度。不过，在北极地区，最冷的地方还不是北极点，是在俄罗斯的奥伊米亚康镇，这个地方曾经冷到零下 78 摄氏度！是不是吓死人了？还有更冷的——全球最冷冠军，被南极获得，最冷的纪录是零下 94.5 摄氏度。

为什么会有极光呢

哎哟，妈呀！听着我都觉得身上发冷呢！

 好了！说点轻松美妙的！极其奇妙的地方，可不是吹的，真有奇妙的！

　　听说过激光吗？哦，不不不，不是激光，是极光——极地之光，在南北极附近可以看到，极其奇妙！

　　你见过霓虹灯的灯光，见过城市的夜光，见过满天的星光……

所有这些跟极光比起来，统统弱爆了！极光可以说是地球上最壮丽、最绚烂、最美的光。

说它壮丽，你知道它有多大吗？极光的范围非常大，超级大，巨大！数百千米对它来说是小试身手，它可以纵横长空几千千米。几千千米是多长？我们国家大不大？从最北的漠河到最南的曾母暗沙，是 5500 千米；从北京到上海才 1000 千米多一点。

说它绚烂，你知道它有多炫吗？它色彩斑斓、瞬息万变。它能在几百到数千千米的天空中，在区区几秒或几分钟之内，演绎"谁持彩练当空舞"的美景。

说它美，你知道它有多美吗？把你能想到的形容色彩丰富的词都搬出来！五颜六色、五光十色、五彩斑斓……这才哪儿到哪儿啊？

差远了！目前我们能分辨清楚的极光的颜色已经有 160 多种。吓！反正凭柠檬的脑袋，是想不出这么多种颜色的，我只认识"柠檬黄"，嘻嘻！当然，在大多数情况下，极光的颜色都是绿色的。不过如果你的运气好，想看到其他颜色的极光也不难。

哇！听你说，我都想去看极光了！可那也太冷了！

 别怕，看极光也不一定非要去南北极点。

　　地球上高纬度的地方都可以看到极光，其中，南北纬 67°附近的地方是最容易看到极光的。没想到吧，在这些地方，比在南北极点更容易看到极光哟！在美国的费尔班克斯，一年之中有超过 200 天能看到极光，这个地方也因此被称为"北极光之都"。我国黑龙江省的漠河市，也可以看到极光。

我的问题又来了！为什么会有极光呢？

 很会问问题嘛！当然还是因为地球磁场喽！

太阳不断恩赐给我们光和热的同时，也向我们辐射了大量的带电粒子。这些带电粒子对我们来说是致命的。地球的磁场挺身而出，把大部分带电粒子都挡在了地球之外，保护了人类和其他生物。这些带电粒子在地球磁场的作用下，会向南北极运动。在南北极地区，由于磁场方向的变化，会有一些带电粒子进入地球的大气层。这些进入大气层的带电粒子，与地球磁场和地球大气层相互作用，就会产生美丽的极光。

说到这里，你可不要以为极光的美是默默无言的。它的美绝对称得上"威风八面"！极光的到来，会伴随着非常强烈的无线电信号，它会影响当地的无线电通信、广播、电视，还会影响电力传输，甚至还会影响到气候以及附近的生物。有的时候，极光发生时还会伴随着爆炸的声音。

"嘭！啪啪啪……哪！"

极光是自然界的大手笔，它的壮美声色，是我们人类无法想象、难以形容的。我们无法阻止极光的发生，同样也无法避免它的危害。

啊？怎么美的东西，往往都有害呢？

别这么说！美就是美！这就是自然界的规律，没有一件东西是只有好处，没有坏处的。就像我们每个人，尽管有缺点，也有可爱的优点！自然界中凡是有破坏性的东西，往往也蕴含着巨大的能量。极光也是这样。一次极光所蕴含的能量，相当于全世界所有发电厂一年发电的总量。

哦，那怎么能用上这些能量呢？

这个嘛，现在还没有好办法。也许将来，充满想象力的你，就能解决这个难题，让极光的能量造福人类。

哈哈！那多好啊！极光的能量！那时候的我就……

第 3 章

有吗？地球转慢了

397，398，399，400——哇

你在数什么呢？柠檬！

 哎呀！看来是真的，真的转慢了。

什么慢了？你说什么呢？

 地球，我说地球呢，地球转慢了。

哦？哪有？我怎么没感觉到？

 可这是千真万确的。地球确实转慢了。不信，你听我说！你看！这树的年轮。

小年轮讲出大秘密

你一定知道，树是有年轮的吧？把一棵树拦腰砍断（当然，这有点残忍），我们会发现树桩的断面上有好多个颜色比较深一点的圈圈。树木每生长一年，就会多"冒"出一个圈圈。这种圈圈就叫"年轮"。

年轮可以告诉我们很多秘密，比如数一数年轮的数目，就可以知道这棵树几岁了。这个不稀奇，你可能早就知道了。年轮还可以告诉我们，历史上是不是发生过地震，还有空气中二氧化碳浓度的变化……

我的天呐！连这都能看出来？

 是啊，可我们今天不是说这个。

年轮不是树的专利，鱼鳞和贝壳上也有年轮，甚至一些鸟的爪子上也有年轮。海底的珊瑚也是有年轮的，更奇妙的是，除了年轮以外，珊瑚还有"日轮"。

就是每过一天，就长一圈吗？

 对啊，数这个日轮圈圈，就可以知道过了多少天。就是这个小小的日轮，透露了地球的大秘密！

数啊数，数到白垩纪

1963 年，一位名叫威尔斯的美国科学家发现了珊瑚的日轮。他可真有耐心！就像你能蹲在地上半天不动，盯着看地上的蚂蚁搬家一样。

顺便说一句，柠檬在这里，要公布一条"柠檬定律"，这可是我长期观察的结果：

大科学家经常和小孩子一样，对一般人不注意的小事，有极大的好奇心和耐心。

这位威尔斯先生就耐心地拿着放大镜，278，279，280，281……仔细地数着珊瑚上两条年轮之间的日轮数。果然，没有白数！他发现现在的珊瑚，两条年轮之间有 365 条日轮。可生活在距今 3.7 亿年前的泥盆纪中期的珊瑚，两条年轮之间有 400 条日轮。也就是说，那时一年有 400 天，每天只有 21 小时 54 分钟。到距今 3 亿年前的石炭纪，两条年轮间有 395 条日轮；6500 万年前的白垩纪，这个数字又变为 376……

我们是当一天和尚，撞一天钟！

我们是当一天珊瑚，长一个圈！

地质年代表

代	纪	距今时间 / 百万年	主要生物
新生代	第四纪	2.58	哺乳动物、被子植物
	第三纪	2.58~66	被子植物、哺乳动物及鸟类
中生代	白垩纪	66~145	昆虫、恐龙、淡水鱼类
	侏罗纪	145~201	松柏、蕨类植物、恐龙
	三叠纪	201~252	蕨类植物、鱼类、恐龙,被子植物、哺乳动物开始出现
古生代	二叠纪	252~299	蕨类植物、松树、柏树、两栖动物、爬行动物
	石炭纪	299~359	
	泥盆纪	359~420	两栖动物、鱼类、陆生植物
	志留纪	420~444	珊瑚、软体动物、鱼类、陆生植物
	奥陶纪	444~485	鹦鹉螺、三叶虫、珊瑚
	寒武纪	485~541	
新元古代	埃迪卡拉纪	541~635	三叶虫、小贝壳类
	成冰纪	635~720	菌藻类、蠕形动物
	拉伸纪	720~1000	菌藻类
中元古代	狭带纪	1000~1200	藻类和细菌开始繁盛,到晚期软躯体的无脊椎动物偶有发现
	延展纪	1200~1400	
	盖层纪	1400~1600	
古元古代	固结纪	1600~1800	
	造山纪	1800~2050	
	层侵纪	2050~2300	
	成铁纪	2300~2500	
太古代	未再分纪	2500~4000	单细胞原核生物

日轮变少意味着什么

 哦？怎么会这样？

 这说明，一年的天数，越来越少。

 那又怎么样？

 说明一天的时间越来越长，也就是说，地球自转的速度变慢了。

 为什么日轮变少，就说明天数少了，而不是一年的时间变短了呢？

 你能问这个问题，柠檬真是要为你竖大拇指，你真棒！回答这个问题呢，需要用到一个叫"角动量"的概念，你要到大学才会学到它。你就记住，因为地球绕太阳公转的角动量守恒，所以一年的时间是不会变的。

 哦，那看来日轮数变少，只能说明，每天变长了，地球自转变慢了。可为什么呢？是因为地球上的人越来越多吗？

哦，不是！不是因为地球要"驮"的人越来越多，它就转慢了。科学家们认为，这主要是月亮的"功劳"。

这跟月亮有什么关系？月亮离得那么远。

说远也远，说近也近。

　　还记得我们说过，月亮是地球唯一的天然卫星，也是离地球最近的星球吗？月亮高挂天空，悄悄望着地球的同时，也对地球有很大的影响。

柠檬悄悄话

　　还记得和柠檬一起赏月吗？李白的举杯发问，"青天有月来几时？"月亮是怎么来的，我们还一起猜想过呢。想不起来了吗？那就看看本套书中的《天文，太有趣了！》第 3 章"看，好美好美的月亮"。

都是月亮惹的祸

　　地球表面大约 70% 的面积被海水覆盖。在月亮和太阳共同的作用下，海面会发生周期性的涨落，这就是"潮汐"。一般来说，每天会涨潮两次，每月的月初和月中，还会发生大潮，这两天潮水的涨落要远远大于平时。

　　咱们国家就有著名的一景——钱塘江大潮，你听说过吗？有时新闻里还会报道呢。哇！可了不得！好神奇好壮观呢！好几米高的浪头，滚滚而来，足有两三层楼那么高！海潮汹涌澎湃、排山倒海，犹如万马奔腾，势不可当。伴随着海潮还有雷鸣般的声响。那叫一个壮观！

海水不断地涨潮、落潮，并不是光给人看个新鲜的。在这个过程中，海水会不断地消耗地球的能量，让地球的自转越来越慢。根据精确的观测，由于月亮潮汐的影响，每 100 年，1 天的时间会增加约 0.002 秒。依此推算，10 亿年后，每天的时间会延长到 29.5 小时，每年不到 300 天。

求求你，别爬了！
你怎么也弄不出大潮奇观！

如果你觉得这难以理解，不妨假想一下：如果你一边走路，一边有一只哈士奇那样的大狗在你身上爬上爬下、滚来滚去，你能不累吗？你还能走得很快吗？当然会被它搞得越来越慢喽。

还有谁拖了地球的后腿

除了月亮以外，还有其他的因素也会影响地球的自转，比如地震。2010 年 2 月 27 日，智利发生了里氏 8.8 级大地震。根据美国国家航空航天局公布的数据，这次地震导致地球的自转轴移位，使得地球自转一圈的时间变短，每天缩短了约 0.00000126 秒。当然，并不是每一次地震都这么生猛，能影响到地球的自转，就算有影响，每次的影响也各不相同，偶然性比较大。

除了这些原因，科学家们还发现，地球的自转有季节性的周期变化，春天变慢，秋天变快，甚至有时还会发生时快时慢的不规则变化。有人认为，这与地球上的季风和洋流有关，也有人认为人类的活动影响了地球的自转。

就是嘛！人越来越多，人的本事还越来越大，当然会影响地球了！

 你说的，听上去似乎有点道理，不过呢，到目前为止，还没有一个能让人信服的理论来解释地球自转的变化。

我这个"理论"不能让人信服吗？很明显嘛！人就是多了。

 科学不能光猜想，还得有证据。你说的"人多了"只能算是一个猜想，或许，以后你可以亲自证明它。你说啊，这地球自转既然时快时慢，咱还能以地球自转周期作为时间的计量标准吗？

当然不能啦！我姥姥老说一句俏皮话："破手表——没准儿！"这地球自转就是块"破手表"，太不靠谱了！没准儿！

柠檬悄悄话

　　在大陆和海洋之间大范围的、方向随季节有规律改变的风，就叫季风。冬季风从西伯利亚和蒙古一带吹来，带来寒冷干燥的天气。夏季风从太平洋和印度洋吹来，带来高温多雨的天气。我国大面积受季风影响，北方风吹柳絮、南方雨打芭蕉的浪漫景观，都是季风的馈赠。

换一只靠谱的好"表"

　　20 世纪 50 年代开始，科学家们就已经发现地球自转的不规则变化。在这种情况下，再以地球自转周期来定义时间，好像就不那么准确了。地球这块"表"，不那么好使了。那怎么办?

　　咱就要找一块靠谱的好"手表"，那就是原子钟。原子钟可以说是目前地球上走得最准的钟，我国"天宫二号"上搭载的原子钟，精度达到了 7.2×10^{-16}，每 3000 万年误差不超过 1 秒。

　　有了这么精致、准确的表，我们就可以知道啦，地球的一天不

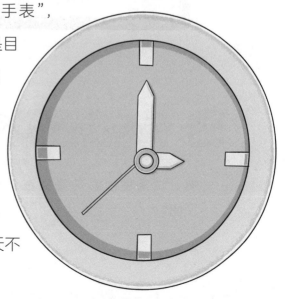

再是整整 24 小时了，有的时候会长一些，有的时候会短一些，相差不大，每天只有不到 0.01 秒，一年累积下来，也不会超过 1 秒。

1971 年，国际计量大会通过决议：统一使用原子钟来计量时间。当原子钟和地球自转之间的误差累计超过 0.9 秒时，全球统一将时间拨快或拨慢 1 秒。我们把这 1 秒叫作"闰秒"。

1972 年 6 月 30 日，国际上第一次进行了闰秒的调整。到目前为止，已经进行了 27 次闰秒的调整。最近的一次发生在北京时间 2017 年 1 月 1 日 7 时 59 分 59 秒。有意思的是，这 27 次调整，都是将表拨慢 1 秒，从来没有发生拨快 1 秒的情况。

没见过吧？按说 07:59:59 后下一秒就是 08:00:00 了。要说 59 分 60 秒会让人笑掉大牙！这里多出来的 1 秒，就是将表拨慢的那一秒。

你看，这说明了什么？

噢，说明地球自转确实在变慢！哈哈，你感觉到了吗？

第 **4** 章

厉害吧？
地球半径我会测

我去测地球半径，厉害吧？

测地球半径不算啥。能找到一把 6400 千米长的尺子，你够厉害！

前面我们说了，地球的半径约是 6400 千米。你想不想知道，地球的半径是怎么测量出来的呢？

不会是真的拿一把大尺子去量吧？

 吼吼，恐怕你自己说这话的时候，也觉得这个方法有点笨。测量地球半径的方法有很多。你上高中后，会学到一种单摆测量法，而且还有机会亲自动手来试一试。柠檬就不跟你的高中老师"抢戏"了，我教你一种简单又浪漫的方法——海边看日出。

哦？这个好！我喜欢，顺便去海边玩一趟。快说，快说！

测量其实很简单

用这种方法，你需要做一些小小的准备：一块秒表，事先测量一下你自己的身高，然后上好一只闹钟。好了！万事俱备！走了！去海边喽！

哗，哗，哗……

海水一波一波地拍打着礁石和沙滩，又退回去，泛着白色的泡沫。你闻到海的味道了吗？

蓝天、白云、湛蓝的海水、欢叫的海鸥……抱歉！现在还都看不到。

为了学习测量地球半径，我们今天被闹钟叫醒，起了个大早，卷着裤管、打着手电筒来到海边。太阳都还没露面儿呢。

喂！快来！别去抠什么寄居蟹了！马上要开始了！

来了，来了！我都抓了好几只了。

 准备好！马上就要看到日出了。

好了，好了，准备好了！

 待会儿，你一看到太阳，就立刻按下秒表，开始计时，并且用最快的速度趴到地上！趴在地上就看不见太阳了，但你要抬着头，往太阳的方向去看，等第二次再看见太阳，你就赶紧再按秒表，停止计时。

好说，然后呢？

 没有然后，测量任务到此结束！

就这样啊？太容易了！看我的！

测量圆满完成。

计算真的也不难

柠檬，测是测完了，可我怎么也想不明白，我就按了两下秒表，刷了个时间，就能知道地球的半径了吗？

当然，事先你不是还知道了自己的身高吗？都有用的！来！现在可以计算地球的半径了！为了让你明白，一个时间一个身高，怎么就算出地球的半径了，我先画张图，请看！

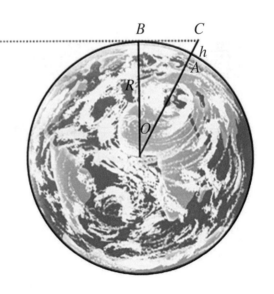

　　一开始，太阳还没出来时，你站在海边，太阳光穿过地平线到达你的眼睛，此时你的位置是在 A 点，高出地球的那段距离 AC 就是你的身高 h。

当你趴到地上后，你就看不到太阳了。过了一段时间，地球自转使你到达 B 点，这时你又能看到太阳了。在这个过程中，地球转过的角度是 θ。我们知道，地球一天转一圈，所以

$$\theta = 360° \times t \div 24$$

其中 t 是你用秒表测量出的时间。另外根据几何关系，可以得出地球半径

$$R = \frac{h\cos\theta}{1 - \cos\theta}$$

式中 h 是你的身高。根据上面 2 个公式，可以很简单地估算出地球的半径。

这个方法只适用于在地球赤道附近测量。我们这里当然不是地球赤道，刚才得出的还不是地球半径，只是我们这里的纬线圈的半径。我们还需要知道当地的纬度 α，例如我们现在这里是北纬 23°，那么地球半径就是

$$R_E = \frac{R}{\cos\alpha}$$

柠檬悄悄话

cos θ 是什么呢? cos 念"扣赛因",大名叫"余弦函数",是三角函数的一种。如果你还没学过,没关系。去找个科学计算器来,假如你算出的 θ 是 20°,输入 20,然后找到一个写着"cos"的键,按一下。看到一串长长的数字吗? 取前三位,就是我们需要的 cos θ。

先在键盘上输入角度数字,然后再按一下 cos 键就可以了! 很简单吧?!

啊,这样就可以了吗?

 对于我们这样的小科学家来说,差不多啦。对于大科学家来说嘛,要是想更精确的话,还要考虑到地球自转轨道和地球公转轨道之间夹角的影响,这个方法测量出的结果在不同的季节还要做适当的修正。

简直帅呆酷毙了! 我都会测地球半径了! 我厉害吧?

第 5 章

最开始的生命是哪来的

柠檬，有件事，我一直想不通。

 哦？什么事呢？说来听听！

到底，我是怎么来的？我说的是，到底是怎么来的？

 你是你爸爸和你妈妈生的啊。

哎呀，你没明白我的意思，我是说"到底"！我当然是我爸和我妈生的，我爸是我爷爷奶奶生的，那我爷爷的爷爷的爷爷……是哪来的？不对，我想问的是，最早最早、最古老最古老，世界上第一个人，是怎么来的？

 哦，我明白你的问题啦。

嗯，有一个电影叫《普罗米修斯》，是美国拍摄的，你看过没有？那里面说，咱们人类的基因是外星人装在宇宙飞船里，然后带到地球上的。嘿！就像种花一样把我们播种到地球上。可我奶奶又说啦，是女娲娘娘用泥巴把人给捏出来的。到底哪个是真的呀？

呵呵，很多电影是编剧编出来的，是人的幻想。女娲造人则是神话故事。幻想和神话都是人的猜测、想象，是人脑袋里想出来的。人脑袋里想的事，并不一定是真实的。只有当人脑袋里想出来的事情，经过实验验证，或者和事实相符合，才能叫作科学。

那科学是怎么说的？最早最早、最古老最古老，世界上第一个人，是怎么来的？

那要从最早的生命是怎么来的说起……

爷爷的爷爷从哪儿来

组成生命的最基本的单元是什么？

当然是细胞了。

那么比细胞更小的呢？

是分子，而且是有机分子。

有机分子的种类很多，从最简单的甲烷、乙烯到复杂的 DNA、氨基酸、糖……那么，这些分子是怎么来的呢？尤其是那些可以组成生命的复杂分子是怎么来的？要知道，即使是全世界最高明的科学家，在最先进的实验室里，想要合成这些分子，也不是很容易的哟！那么，神奇的大自然又是怎么造出这些分子的呢？

 柠檬悄悄话

　　DNA、氨基酸，还有后面你会看到的甲烷、乙烯、核糖、腺苷（gān）酸、脂肪酸……这些词都是什么意思？

　　这些都是有机分子，要想一一准确地解释给你听，需要用到很多你还没学过的知识，恐怕你要到高中才能完全地了解它们。现在先记住这些"陌生"的名字吧。

　　关于地球上有机分子的来源，科学家们提出了很多观点，其中大家认为比较靠谱的是宇宙起源说和化学起源说。

宇宙起源说

　　第一种观点，认为这些有机分子来自宇宙。

哇！好厉害呀！那是不是坐飞船，"唰"地飞到地球？

哦，你又幻想了。它们的到来跟外星人一点关系都没有。

　　真实的情况是，在广阔的宇宙空间中，有很多很多有机分子。这些有机分子包括一些比较简单的氨基酸、核酸等形成生命所需的物质，甚至宇宙中还有一些简单的生命体，比如我们说的病毒。别看病毒在我们身上发作起来，能把我们搞得上吐下泻、发烧咳嗽，惨兮兮的，其实病毒就是一种最简单最低等的生命。这些有机分子和病毒附着在宇宙尘埃和一些小星星上。有些小星星受到地球引力的作用，掉到了地球上，顺便也把有机分子带到了地球。

哦？感觉这些带着有机分子和病毒的小星星，怎么像漂流瓶一样？

 有点像。不过漂流瓶是自己漂来的。这些小星星可是被地球的万有引力给吸来的，还记得万有引力吗？

记得，你说过嘛，牛顿发现的万有引力。

 没错！你的小脑袋真好使！

　　既然是万有引力，就是说什么东西都会有这种引力。地球有自己的万有引力，其他星星也有。所以，那些有机分子可并不是仅仅会大驾光临地球，它们也有机会到访其他星球。你背的古文里，有没有一句"橘生淮北则为枳"？不是所有的星球都适合生命生长的。

地球真是好！绝对是生命的天堂！非常适合生命生长。所以这些分子就在地球扎了根，并且逐渐进化出更高级的生命。

当然，这也仅仅是人类的猜测，谁也没有亲眼看到。事实真相是这样吗？

我们知道，地球的表面包裹着浓密的大气层。当一颗小行星即将撞击到地球的时候，它首先要穿过地球的大气层。小行星的速度非常快，当它穿越大气层的时候，会与大气产生剧烈的摩擦。你见过流星吗？那就是小行星或小彗星在穿越大气层，由于剧烈的摩擦，小行星会在大气层中燃烧，发出光和热。

当你在地面上，仰着头看流星时，由衷赞叹，"哇！好美啊"，你想不到吧？这颗流星本身正在忍受痛苦的煎熬！一方面明亮的光划破夜空，让人们看到这颗星的存在；另一方面，摩擦产生的高温足以使这颗星熔化乃至烧毁。大部分撞向地球的小行星，都烧毁在了地球的大气层里，只有极少数才会真正落到地面。

这些落到地面上的小行星被我们叫作陨石。不知道你有没有见过博物馆里的陨石，无论大小和成分，大多数陨石的表面都相当光滑，有许多陨石表面还有像是被手指按过留下的气印。这都是它们在穿越大气层的过程中经历高温洗礼的结果。想一想啊，连石头都熔化了，还能有什么病毒存活下来？你家里要消毒，最简单的办法不就是高温煮沸吗？经过高温煮沸，什么病毒和细菌都统统死光光！

那你还说什么呀！看来，宇宙起源是不可能的啦。

别急嘛！这只是说陨石表面携带有机分子，没戏！

　　陨石里面呢？人们曾经在陨石的内部发现了氨基酸，这就可以证明：地球生命的起源有可能来自宇宙。

　　好，到现在，我们可以把宇宙起源说请到"待定席"，下面再来说说化学起源说。

化学起源说

　　地球诞生于 46 亿年前。在地球刚刚诞生的时候，可不像现在这么平静。那时候，地震、火山爆发不断地发生，天上电闪雷鸣，地面则温度极高。后来，随着地球表面温度慢慢降低，海水逐渐形成。当时地球大气的主要成分是氨气、氢气、甲烷和水蒸气等，和现在大不相同。现在大气的主要成分是氮气和氧气。

　　1953 年，美国芝加哥大学的米勒，进行了一次著名的实验，史称米勒实验。在这次实验中，米勒想方设法在实验室中模拟出"最古老最古老的"地球的环境。

　　米勒先向一个玻璃容器中注入一些纯净的水，用于模拟原始地球上的海洋。然后，他把玻璃容器完全密封，把里面的空气抽空，并向里面注入氢气、氨气、甲烷和水蒸气等气体，用于模拟原始地球上的大气。做好准备后，米勒把玻璃容器加热，然后晾凉，再加热，再晾凉。在这个过程中，米勒还不断地在玻璃容器中释放电火花，为的是模拟原始大气中的雷电。整个实验持续了一周。

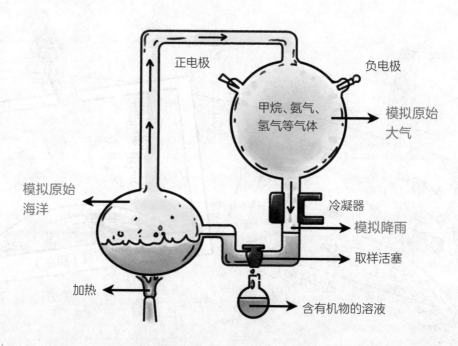

米勒实验装置

　　一周以后，米勒结束了实验，化验玻璃容器中的水。在水中，他惊喜地发现了20多种有机物，其中4种氨基酸是组成生命体所必需的氨基酸。

米勒的实验第一次证明了，在原始地球的条件下，地球可以利用自身的物质合成有机物。随后，又有很多科学家仿效米勒的实验，模拟原始地球的环境，制造出了核糖、腺苷酸、脂肪酸等形成生命所必需的物质。可以说，几乎所有形成生命体所需要的物质，都可以通过模拟原始地球的环境，在实验室内合成。

有了氨基酸、核糖、腺苷酸、脂肪酸等有机分子，就意味着地球有了产生生命的最基本的条件，在原始海洋的孕育下，有机分子慢慢发展成有机大分子，并最终进化出生命。在 30 多亿年前，地球上出现了最简单的生命。经过 30 多亿年的演化，我们人类成为了地球的主宰。

哎呀！那就是说，化学起源说是对的了？

别急！每当有人提出一个学说，都会有人提出疑问。这很正常。经得起质疑的，才是正确的。能对一个学说提出疑问，也是本事呢！对这个化学起源说，你能不能提点疑问呢？

嗯，现在的科学家，怎么知道 40 亿年前地球大气的成分？

厉害！这正是人们对化学起源说的一个质疑。我们并不知道原始地球上大气的组成成分，只是猜想，还没有被证实。所以说，这个实验的条件，本身就有问题。

还有，不断地加热、晾凉，还放电，远古时期的地球真的就这样吗？

很好！这是科学家们的又一个疑问。

原始地球上真有这么极端的环境吗？反正你没看见，我没看见，咱们谁也没看见——这也是现代人的猜想，无法被证实。

啊？敢情化学起源说，也是说着玩的呀？

不能这样说。

尽管还有很多未解之谜，但大多数科学家仍然相信，化学起源是地球生命起源最主要的原因，宇宙起源起到了重要的补充作用。地球上的生命并不是来源于外星人，而是真真正正由地球自己孕育的。

不过有了有机物，并不代表一定就能产生生命，尤其是像人类这样的高级生命体。为什么在广阔的太阳系中，只有地球能有生命存在呢？我们居住的这个蔚蓝色的星球，究竟有什么特别的呢？请你往后翻一页，柠檬要先喝口水，润润嗓子啦。

第 6 章

你不知道
地球有多好

看你说的，我哪有那么好！

柠檬，柠檬！水喝完没有？快点来啊！告诉我，为什么只有地球上有人，太阳系其他行星就没有！

 来了！还记得太阳系的八大行星吗？

记得。

 还记得我们说过，有一颗行星和地球比较相似吗？

记得，是火星。

 ## 柠檬悄悄话

　　如果你不记得了，就翻开本套书中的《天文，太有趣了！》，搭乘"柠檬号太阳系飞船"。在那本书里，柠檬带你免费遨游太阳系，拜访太阳系八大行星。逐一揭秘水、金、地、火，巡天遥看木、土、天、海。"柠檬号"可舒服了！保证你不晕飞船！

喂，火星上有人吗

如果你平时稍微留意一下科技新闻，就会发现火星的"出镜频率"非常高。它无疑是人类派遣登陆器探测访问次数最多的行星。半个世纪以来，俄罗斯、美国、日本、欧盟和中国等先后四十次启动火星探测计划。

干吗一次次地去？就是因为人们一直觉得火星的环境和地球最为接近，最有可能存在生命。

在太阳系的八大行星之中，水星和金星离太阳太近，表面温度高得吓人。木星、土星、天王星和海王星离太阳又太远了点，这些行星表面常年处于 0 摄氏度以下。换句话说，这六大行星热的热死，冷的冷死，显然都不是能活命的地方。

火星是离地球最近的一颗行星，它与太阳的距离还算合适。这让人们把火星看成一个生物生存的备选地。通过望远镜观察，人们在火星上发现了河流的痕迹和大量的冰。这表明火星上曾经有水。一听说火星上有水，人们就来精神了！水是生命存在的一个必要条件嘛。

人们满怀希望，瞪大眼睛在火星上上上下下、左左右右看了一通。

火星上真的有生命吗？答案是没有。因为火星上没有大气。

火星的个头只有地球的一半大。过小的个头儿和太小的质量，使

火星上的冰

得火星表面的重力还不到地球表面的一半，这样的重力不足以吸引住空气，所以火星表面的大气密度只有地球的 1%。没有大气，自然也没有氧气，生命无法生存。

由于没有大气的保护，太阳光会直接照射到火星表面。在太阳光能照到的地方，火星表面的温度可以达到 290 摄氏度；而在太阳照不到的地方，温度能降到零下 125 摄氏度。这么大的温差，真够"水深火热"的！任何生命都只能要么死，要么——闪！

柠檬悄悄话

喜欢刨根问底的你，是不是在嘀咕，太阳给的这些光和热，到底对我们有什么用呢？看看本套书中的《化学，太有趣了！》第 7 章"阳光下的宝藏"吧！希望给你带去一片灿烂的阳光！

我就真的不如地球吗？

请继续努力！

哎呦！真让人扫兴，说了半天全是白说。

 虽然没有大气，但火星的其他条件还是不错的。也许有一天，我们人类可以运用科技手段，改造火星的环境，让它适合我们生存，成为人类的第二个家园。

柠檬，你也开始幻想了。

 谁说不可以幻想啦？爱因斯坦说过，想象力比知识本身更重要。幻想嘛，可以大胆。科学呢，就要严谨啦。你就不妨科学地设想一下，怎么改造火星呀？

好呀！我最喜欢放飞想象了。可是怎么想，我没有什么思路啊。老虎吃天，没处下爪。你还是先说说，为什么地球就能有生命吧。这样我也好有个参照啦。

 你真是聪明！这个思路简直妙极了！你将来一定能做大事。

要说地球，就不能不说太阳，毕竟地球是太阳系的行星。如果太阳不是现在这个样子，我们周围的一切，也必定完全不同。

太阳的大小刚刚好

首先，太阳的大小正合适！

生命离不开太阳。太阳已经为我们尽职尽责地服务了 50 亿年，毫不吝啬地提供着光和热。这可不是每一颗恒星都能做到的。

我们知道，恒星辐射的能量来自其内部的核反应。为了使核反应能够进行，恒星必须达到一定的质量，否则就无法引发核反应。这个质量的下限是太阳质量的 8%。也就是说，所有恒星的质量必然大于太阳质量的 8%。其实木星的化学成分与太阳的大体相同，但是它的质量太小，体重不达标，只能做行星，当不了恒星。

如果恒星的质量比较小，那么它里面核反应的速度就会比较慢，辐射出的能量也会比较少，这样的能量不足以维持生命的存在。

如果恒星的质量很大，那么它核心的温度和压强就会很高，从而导致核反应进行得非常快。这样的话，恒星倒是可以辐射出足够的能量，可核反应的速度过快，会使恒星的寿命变短。质量越大的恒星，寿命就越短。

太阳的寿命大约是 100 亿年。如果一颗恒星的质量比太阳大一倍，那么它的寿命将会缩短到 10 亿年，如果恒星的质量是太阳质量的 10 倍，那么它的寿命就只有 1000 多万年了。咱们说过，从地球上出现最简单的原始生命到有了我们人类，经过了漫长的 30 多亿年呢！好家伙！孕育出生命需要如此漫长的时间，那些大质量的恒星显然不够条件。

太阳不能太大，也不能太小。最关键的是，要寿命足够长，能一直撑到孕育出生命的时候。这时，还不能倒下，还得继续给予光和热。

所以，恒星的大小是能否出现生命的关键因素。太阳的大小恰好合适。

这个不用改造，火星和地球共用一个太阳。

对！换句话说，如果在宇宙中真的有外星人的话，那么他们的太阳应该和我们的差不多大。

嘻嘻，还有吗？

太阳是"独生子女"

听过后羿射日的故事吗？

传说远古时期，天上有10个太阳。它们放出的热量烤焦了大地，烤干了河流，把树木和房屋都烧成了灰烬。地面上无数动物和人被活活烧死，活脱脱一幅地狱般的惨景图。

当然，这只是传说。10个太阳是有些夸张了。

不过在宇宙中，大部分的恒星与我们的太阳不同。它们不是孤孤单单只有一个，而是由两个或多个相对距离较近的恒星组成的恒星系统，叫作双星或多星系统。

 柠檬悄悄话

为什么会形成双星或多星系统？秘密就藏在恒星形成的过程之中，本套书中的《天文，太有趣了！》中为你揭晓。

在双星或多星系统中，行星很难"生存"，因为这样的系统十分不稳定，系统中的任何物质都会由于引力的不均衡而被拽向某一颗恒星，并最终被那颗恒星吞噬。

在一些特殊的情况下，双星系统中可能存在轨道相对稳定的行星。可请你想象一下，天上要是有两个太阳，会是什么样子？有一首歌叫《弹起我心爱的土琵琶》，不知道你听过没有，是这么唱的：

"西边的太阳快要落山了，

微山湖上静悄悄。

弹起我心爱的土琵琶，

唱起那动人的歌谣……"

如果天上有两个太阳，这首歌恐怕就要改成：

"西边的太阳快要落山了，

南边的太阳升起来。

总是白天永远没有夜晚，

这样的日子好难熬……"

不光没有黑夜，还没有一年四季呢，永远只有夏天——真要命啊！那不是跟到了《西游记》里的火焰山一样吗？不，比那还惨！显然，这样的环境是不能诞生生命的。

我们的太阳恰恰是宇宙中为数不多的单星。更加特别的是，太阳不仅不是双星，甚至在周围相当远的距离内，都没有其他恒星。离太阳最近的恒星是半人马座的 α（希腊字母，读阿尔法）星，距离我们有 4.2 光年（光在真空中一年走过的路程为 1 光年，这是一个很长的距离，1 光年等于 9.4607×10^{12} 千米）呢！就是说，宇宙中的第一飞毛腿——光，要从那里来太阳一趟，也得跑 4.2 年呢。吼吼，这样一来，太阳系的引力系统就十分稳定了。地球与太阳的距离长期保持不变，为地球保持恒温创造了条件。

怎么还是太阳啊，不是都说了吗，地球和火星共用一个太阳。赶紧说说地球的事，我好参照来改造火星啊！

好的，马上说地球。

地球的成分，太棒了

对生命体来说，最重要的化学元素是碳、氢、氧、氮等。而宇宙中的物质以氢和氦为主，它们的质量占到宇宙总质量的 99% 以上。也就是说，所有的恒星和绝大多数的行星都是由氢和氦组成的。比如木星的主要成分就是氢和氦。所以啦，木星上不可能有生命存在。

看看我们的地球！多好！组成地球的主要成分是：铁 34.6%，氧 29.5%，硅 15.2%，镁 12.7%，镍 2.4%，硫 1.9%⋯⋯地球上有大量的碳、氢、氧、氮等元素，还有大量的水。这些都是组成生命体所必需的。正是有了这些物质的存在，地球上才可以繁衍出各种各样的生物。显然地球上这些物质的密度远远大于宇宙的平均密度。

哇！这么说，地球简直是宇宙中的聚宝盆啊！太可爱了！可地球是怎么弄来这些物质的呢？

这个问题问得好！这些物质是从哪里来的呢？

它们来源于宇宙中其他的恒星。刚才说了，恒星的能量来自它们内部的核反应。这些核反应在产生能量的同时，还会生成铁、氧、

这些家底儿，我都攒了亿万年了，拜托你们省着点用！

氮、硅等各种元素。当恒星的寿命快要结束的时候，核反应的速度大大加快，这时恒星会发生一次剧烈的爆炸，我们把这次爆炸叫作"超新星爆发"。超新星爆发会将恒星中大部分的物质抛向宇宙。这样宇宙中就有了铁、氧、氮、硅等各种元素。

刚才说了，太阳的附近没有其他恒星。没有谁慷慨地向宇宙空间播撒这些好东西，那么组成地球的这些物质，就应该是从更远的地方飞过来的。可以想象，我们亲爱的地球"白手起家"，一点一点地聚集起这么多物质是多么不容易啊！

柠檬悄悄话

什么叫元素啊？氢、氧、硅、碳，它们是什么？对我们和地球有什么用？请看本套书中的《化学，太有趣了！》第1章"认识化学元素"。

地球真是"持家小能手"！

哈哈，你的比喻挺有意思的！事实上，宇宙中大多数的"太阳"，都不可能拥有像地球这样的行星。

地核中有大量的铁，这让地球有了一个属于自己的稳定的磁场。前面讲了地球磁场的作用，还记得吗？地球的磁场就像一个保护罩，让宇宙中的那些带电粒子无法靠近地球，使地球上的生命得以安居乐业。

地球的个头惹人爱

前面柠檬说了，火星的条件也不错，可就是个头太小、体重太轻，没有自己的大气层，也就无法拥有生命。

在个头方面，地球又显示出令人羡慕嫉妒的优越性！

地球的大小刚好合适，上面有既不浓密，也不稀疏的大气，很适合生命生存。嗯，深吸一口气，好舒服啊！

如果地球太大会怎么样呢？

首先，地球上大气的密度会比现在高很多。这会导致地球表面温度升高，太阳辐射对地球的影响降低，空气不再流动。地球上将没有风，变得死气沉沉。

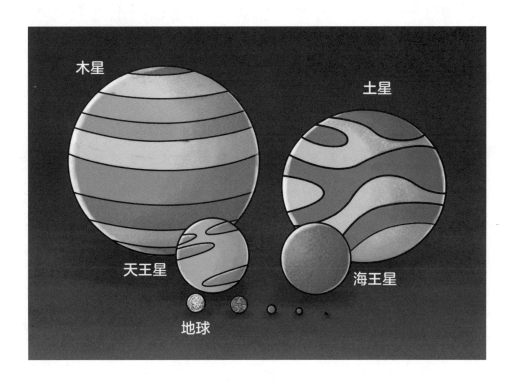

其次，地球引力增大，在吸引更多大气的同时，还会吸引宇宙中的其他小星星。这可是招灾惹祸！那就别想有现在的太平日子过，地球会经常被小行星或彗星撞到。

地球还特会找地方

地球的位置，或者说它与太阳的距离妙不可言。不远不近，使得地球的温度既不热，又不冷。地球的自转周期比较短，使得地球上昼夜温差不大。这些都十分适合生命的生存。

还有一点更加重要，那就是在地球的外面有 4 颗巨大的行星——木星、土星、天王星、海王星，它们的质量非常大，它们可以用引力把远处飞来的彗星和小行星吸引过去，并且吞噬掉。有这"四大天王"罩着，我们地球就太平了！不大可能被小行星或彗星撞上。

可是……要是真让小行星撞一下，能怎么着？

这么说吧，如果一颗直径 10 千米的彗星撞上地球的话，地球上 90% 以上的生物就死定了。人们猜测，曾经的地球霸主——恐龙，就是由于小行星撞击地球而灭绝的。

太可怕了！

 要不是有那4个"大块头"挡着，也许地球上的生物早在一次次的碰撞中死光光了。

哇！地球真是太好了！

 是啊，偌大的太阳系，地球绝对算得上是个宠儿。茫茫银河里，太阳又是如此特殊！浩瀚宇宙中，具备这样环境的地方恐怕也不多。

好了！我决定，以后不用一次性筷子了，也不用一次性饭盒了。

 哦？一下有了这些想法？

对！还有垃圾分类，双面用纸，多乘公交……还要随手关灯。要爱惜资源，保护环境。地球太好了！地球就只有一个啊！

 怎么？不打算改造火星了？

改造火星？那个太遥远了，还是先保护好我们的地球吧！

保护地球从身边的小事做起

第 **7** 章

恐龙灭绝大猜想

等等，告诉我怎么回事！

最神奇的史前生物

柠檬，你知道吗？我是超级恐龙迷。

 哟！失敬失敬，柠檬有所不知。

你知道最厉害的恐龙吗？是霸王龙，属于暴龙的一种，最凶猛了。最大个儿的恐龙是易碎双腔龙，好家伙！有 140 吨重，58 米长，快赶上我们家住的那座楼了。

 哇！你懂这么多！

还有，会飞的翼龙，其实它们不是恐龙，是一种已经灭绝的爬行类动物。因为它和恐龙是同一个祖先进化来的，所以可以说它们是亲戚。

 这你都知道？

我最喜欢异特龙，敏捷、伶俐，能吃肉。我也喜欢吃肉。

 怪不得人说，现在的小孩真不得了呢！

最聪明的恐龙是伤齿龙。有人说，要是恐龙没灭绝，没准伤齿龙就能进化成人了呢。呵呵，那不成"恐人"了吗？好玩！

 那你知道恐龙是怎么灭绝的吗？

这，这个我不知道……

 恐龙诞生于距今大约 2 亿 3500 万年的三叠纪……

它们称霸地球 1 亿 6000 万年，到 6500 万年前的白垩纪晚期，恐龙灭亡。

 呵呵，真不愧是超级恐龙迷啊，你知道的还真多！

当然了！牛皮不是吹的。我还知道，恐龙有 1000 多个类别，确认了的有 500 个。不过，这是为什么，我就不懂了。

化石透露的远古秘密

你已经很厉害了！简直是恐龙小专家。

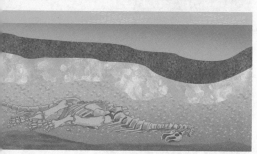

恐龙化石的形成

柠檬来告诉你为什么。

那是因为恐龙已经灭绝很久很久了。我们没办法像研究草原上的羚羊和动物园里的熊猫那样研究活的恐龙。怎么办呢？科学家跟你一样，实在太迷恐龙了。只能背个包包，拿一把小铲子、一把小刷子，从土里挖出恐龙化石，比如骨骼化石啦，恐龙蛋化

石啦——唉，条件是差了点，可也没别的办法。把恐龙的化石带回实验室，科学家们就开始研究啦。

比方说，量一量大腿骨化石，估算一下这只恐龙生前有多高。

看一下牙齿的个数和形状，猜一猜它喜欢吃什么东西。是和你一样没有肉就不吃饭，还是素食控？

比较一下头骨的化石，可以判断这只恐龙聪明不聪明。

哦？这种化石从来没见过，文献上也没人提过。科学家激动啦！跑出实验室振臂高呼："我发现一

我可不酸啊！

种新的恐龙！"吼吼，如果这样的好事被柠檬赶上，一定要把那种恐龙命名为"柠檬龙"。

　　并不是每一次科学家都这么幸运。人们挖出来的化石很多都没能完好地保存，或者有些化石本身已经不完整了。科学家们翻过来倒过去，看了半天，什么也看不出来，根本无法辨认。因为无法辨认，所以就只能把它们归类到那些没办法确认的类别了。如果将来发现了新的化石，也许就能确认这个恐龙品种了。科学就是这样严谨。

恐龙去哪儿了

　　为什么人们对恐龙灭绝的原因特别好奇呢？是因为恐龙几乎是在一夜之间灭绝的。

　　这么多！遍布世界各地，各种各样的恐龙，就统统消失了？

　　这么大！今天我们都难以想象的庞然大物，哪去了？

　　这么威风！称霸地球 1 亿 6000 万年，怎么忽然就不见了？

　　要知道，它们可是占据食物链顶端的生物啊！谁能把它们怎么样？

　　要知道，在恐龙时代，我们哺乳动物的祖先真是惨得要死，只有躲在洞里的份儿，白天都不敢出来。

　　可就在大约 6500 万年前，在白垩纪和第三纪交叠的时期之后，我们再也找不到任何恐龙了。到底是什么原因导致恐龙的灭亡呢？为什么又灭亡得如此干净呢？

为了解答这个难题，古生物学家们真不知死了多少脑细胞。有人说这，有人说那。光是公开提出的灭绝原因就有 130 多种，比如地磁场变异说、蛋壳变厚说、海洋收缩说、太阳耀斑说……真是吵死了！有人说恐龙可能是得癌症死的，有人说恐龙是被有毒植物毒死的，甚至还有人说因为恐龙肉比较好吃，所以它们被贪吃的外星人大量捕杀而灭绝。

哈哈！这位科学家一定超级爱吃肉，或者和我一样，喜欢异特龙。

这也说不定。不过到目前为止，还没有哪一种猜想被证实。柠檬给你介绍其中几种最有趣最著名的说法。先说一种最不靠谱的猜想吧，那就是恐龙是被屁熏死的。

啊？太不靠谱了吧？

靠不靠谱，你听我说啊。

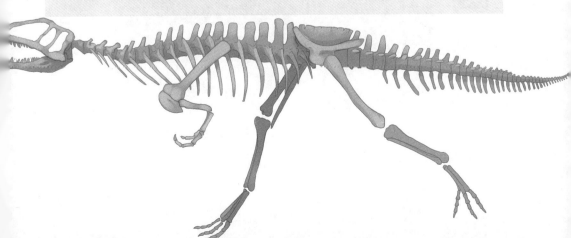

猜想一：恐龙竟然是被屁熏死的

　　食草动物的消化系统和我们人类的有很大的差别，它可以将植物纤维分解为有用的营养物质，在这个过程中，会产生一种气体，叫甲烷。甲烷这个词你听着可能比较陌生，其实它天天都在你家里默默地燃烧自己。家里做饭用的天然气，主要成分就是甲烷。食草动物在消化过程中产生的甲烷，会以放屁的形式排放到大气之中。

　　和二氧化碳一样，甲烷也是一种温室气体。大气中的甲烷太多了，会使地球表面温度上升。大量的甲烷还会破坏地球的臭氧层。现在，有些环保人士建议大家少吃牛肉羊肉，就是因为牛羊放的屁已经成为大气层中甲烷最主要的来源。

那才应该多吃啊！牛羊放屁释放温室气体，对地球环境不好。我们把牛羊吃了，不就相当于除害吗？

不是这个道理。有人吃牛肉羊肉，就有人要买，就有人大量饲养牛羊。如果没人吃，也就不需要饲养那么多牛羊了。对吧？

　　一只羊只有几十千克重，可是一只恐龙呢？大型食草恐龙的体重可以达到几十吨甚至上百吨。说起来，的确有点恶心——想想，这么大个儿的食草动物，一天要放多少屁，排放多少甲烷！在白垩纪，恐龙是地球上绝对的主宰，到处都是恐龙，很多很多。它们没完没了地放屁，哦，我们说得文雅点吧：它们不断地排放甲烷。那要毁掉多少地球的臭氧层啊！没有了臭氧层的保护，恐龙被强悍的紫外线杀死。唉，说来也是自作自受呢。

哦，这么说起来，好像还有些道理。

是啊，听起来挺有道理。不过这只是猜想，没有任何证据证明恐龙是因为这个不幸惨死的。我再说些有证据的。

猜想二：恐龙是被地震震死的

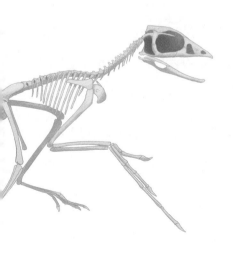

从侏罗纪开始，地球上的地质灾害开始增多，经常发生地震和火山爆发。地震、火山爆发会影响恐龙的生存，却不会造成整个物种的灭亡，但它们会产生间接的影响，也很严重呢。可能你在新闻里听到过一个词叫"次生灾害"，就是灾害带来的灾害。

我太有体会了！坐我后面的赵小萌上课吃东西，结果老师走过来，发现我在书上画"柠檬"，就把我的书没收了。这就是次生灾害。

可是，吃东西这件事本身不是灾害啊。

谁说不是？他吃东西还吧唧嘴，弄得我也很想吃，又吃不到。超级不爽！我就不想听课了。

那好吧，这就是次生灾害。我们接着说恐龙。

第一个次生灾害是有害气体。火山喷发时会产生大量的有害气体。这些有害气体会导致恐龙的生殖能力下降。科学家们在侏罗纪的恐龙蛋化石中，发现了大量未能完成孵化的恐龙胚胎。而在白垩纪的恐龙蛋化石中，恐龙胚胎的数量大大减少。这说明，在白垩纪，恐龙的繁殖能力已经大大下降，很多恐龙蛋无法孵化出小恐龙。

还有一个次生灾害就是气候变化。火山喷发影响了地球的气候，气温变得忽高忽低。另外，在白垩纪晚期，地球的整体气温开始下降。由于无法适应寒冷的气候，大量恐龙死去。这成为恐龙灭绝的主要原因。

　　这种说法明显可信得多。可是，这样的灾难会让恐龙集体灭亡吗？好像还不会。有一些科学家又提出了行星撞击假说。

猜想三：恐龙是被星星砸死的

我们在本书第五章《最开始的生命是哪来的》中提到过小行星撞击地球。

6500万年前的一天，可能有个头高、视力好的恐龙先看见空中有个亮点，还不断地变大。不过，大部分恐龙还都优哉游哉、慢条斯理地吃着树叶，有的肉食恐龙正鬼鬼祟祟、蹑手蹑脚地一点一点靠近自己垂涎已久的猎物。空中的亮点越来越大。先看见它的恐龙，仰着脖子，张着大嘴，傻乎乎地站着，根本不知道这就是迎面飞来的死神！

"砰"的一声巨响，一颗小行星撞到了地球。灾难降临！真真正正的世界末日！

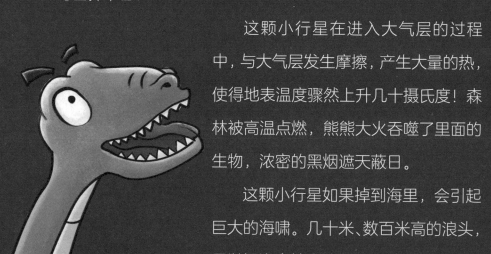

这颗小行星在进入大气层的过程中，与大气层发生摩擦，产生大量的热，使得地表温度骤然上升几十摄氏度！森林被高温点燃，熊熊大火吞噬了里面的生物，浓密的黑烟遮天蔽日。

这颗小行星如果掉到海里，会引起巨大的海啸。几十米、数百米高的浪头，足以把许多地方淹没！

这颗小行星如果掉到陆地上，会扬起无数的尘埃。你可别以为，不就是扬点土吗？这些尘埃可以挡住太阳光几十年！

　　让这颗小行星撞了一下，地壳都要发生剧烈变动，地震、火山爆发开始频发。大量有毒有害的气体和烟尘被喷射出来。

　　在经历了最初的大火、海啸和地震之后，幸存的恐龙已经不多了。不过，灾难并没有过去。大火产生的浓烟、火山喷出的尘埃遮挡了太阳。没有阳光，植物无法进行光合作用，很快死掉。没有植物，食草恐龙就断了粮，撑不了多久就饿死了。肉食恐龙过了几天美食遍地的好日子。不过，很快这场最后的盛宴就结束了。它们也没得吃了。等待它们的是什么，你自己也想得到。

　　没有阳光，地表的温度持续下降，恐龙们迎来了漫长的"严冬"。这种惨兮兮的日子持续了几年，也可能是几十年。在饥寒交迫下，恐龙们走向了末日。

啊！真是可怕啊！不过你说的这些有证据吗？

有的。

　　有一种化学元素，叫作铱，这是一种很稀有的金属，在地球上非常非常稀少。地球上铱的含量远远低于宇宙的平均值。然而，几乎在地球的每一个角落，地质学家们都发现，在白垩纪和第三纪交叠的地层中，铱的含量是其他时期的 200 倍！哪来的？只能是天外来客带来的，而且这种全球性的痕迹，只可能来自那次最猛烈的撞击。

　　这是第一个证据。还有其他的！

　　20 世纪 90 年代，墨西哥石油公司在进行石油勘探的时候，

无意中在墨西哥的希克苏鲁伯地区发现了一个巨
大的陨石坑，根据科学家们的研究，这个陨石坑
就是 6500 万年前，小行星撞击地球的时候留下
的。这个陨石坑被命名为希克苏鲁伯陨石坑，它
的发现间接证明了恐龙灭绝的撞击说。

　　后来，人们又发现了更多与希克苏鲁伯陨石
坑同年代的陨石坑，比如英国的银坑陨石坑、乌
克兰的波泰士陨石坑等，虽然规模都比较小，但
也应了中国人的一句老话"祸不单行"，
说明不止一颗小行星撞到了可怜的地球，
导致了生物灭绝的大灾难。

啊？生物灭绝？不只是恐龙啊？

 是的，在白垩纪和第三纪交叠的这段时间里，
有一半甚至更多的生物物种灭绝。大型生物
无一幸免，只有那些个头比较小的生物活了
下来。

天哪！太可怕了！

这么大规模的生物灭绝，恐怕不是放屁能造成的。最大的可能还是小行星撞地球。自从一个个陨石坑被发现，撞击说就渐渐被人们所接受了。

柠檬，你说，小行星撞地球这种事，以后还会有吗？

 这不好说。不过生物大灭绝这样的事，已经不止一次啦。

真的？你不是吓唬我吧？

 不是，等下！我查个资料，马上告诉你。

未完待续……

第 8 章

史上最惨的事：生物大灭绝

查到了。你看！恐龙灭绝只是历史上 5 次生物大灭绝中的一次，而且是最后一次。

多少年前	叫什么"纪"	当时的生物	呜呜呜……
4.39 亿年前	奥陶纪	生物全生活在海里，有珊瑚虫、三叶虫、鹦鹉螺……	大量海水结冰，海平面下降，海里的生物死惨了
3.67 亿年前	泥盆纪	鱼类是海洋的主宰，陆地上也有了生命	又一次全球变冷，灾难再次来袭。海洋物种经历灭顶之灾
2.5 亿年前	二叠纪	裸子植物开始出现，松树和柏树大量生长，两栖动物和爬行动物盛行	史上最严重的一次生命危机，无比悲惨！之后，恐龙才登上历史舞台
2.08 亿年前	三叠纪	裸子植物繁盛，被子植物也开始出现。早期的哺乳动物也出现了	这次海洋还是重灾区！海洋物种，伤不起呀！
6500 万年前	白垩纪	恐龙是地球霸主	别了，恐龙！只留给我们无尽的遐想……

啊？都 5 次啦！那么前面几次都发生了什么呢？

柠檬说过了，地球在30多亿年前就产生了原始的生命。说它"原始"是因为它们就是一个细胞组成的，简单得不能再简单了。我们人类是由大量细胞组成的。就算一只蚊子、一只蚂蚁，也有很多很多细胞。多细胞生物是在6亿多年前才真正产生的。自那时开始，生命进入了繁荣发展的时代。可随之而来的，生物大灭绝也开始了。

啊？真是的！怎么一繁荣就灭绝啊？

说起来很让人难受和悲伤。不过，这似乎也是自然界中一种无形的规律：花开得最盛时，就要谢了；月亮最圆时，就要亏了；水最满的时候，就要流出来了。

唉！每次我玩得最开心的时候，就该被爸爸妈妈叫回家了。

真同情你！

第一次生物大灭绝

第一次生物大灭绝出现在 4.39 亿年前。按照地质年代划分，那时候叫作奥陶纪。奥陶纪时期的生物全部生活在海里，主要是无脊椎软体动物。珊瑚虫、三叶虫、鹦鹉螺在海中横行。不过，突如其来的全球气候变冷打破了三叶虫们宁静的生活。以前温暖的海水结冰了，出现了很多冰川，海平面下降。在这一次灾难中，85%的生物物种灭绝了。

第二次生物大灭绝

过了几千万年，第一次物种大灭绝的伤痛早已过去。地球的"时钟"指到了距今 3.67 亿年的泥盆纪。鱼儿欢快地在海里嬉戏追逐，在这个时代，鱼类是海洋的主宰；陆地上，生命也开始悄然诞生，欣欣向荣。

谁知，"月满则亏，水满则溢"的悲剧再次上演。全球气候又一次变冷，在这次灾难中，70% 的物种消失。海洋中 82% 的物种灭亡，浅海珊瑚虫无一幸存，海洋浮游植物被灭九成！

有古生物学家认为，这次的肇事者还是"走路不长眼睛"的小行星，咱多灾多难的地球又被撞了。但是这种指控只是猜想，没有有力的证据。

呜呜呜呜……

怎么了？柠檬，你怎么哭了？

 我说不下去了！太惨太惨了！第三次，悲惨至极，伤不起啊！

哦，你快说吧！

第三次生物大灭绝

第三次生物大灭绝发生在 2.5 亿年前的二叠纪，这是历史上最严重的一次生命危机！

大约 96% 的生物失去了宝贵的生命。96% 呀！就是说，几乎没剩什么了。你想象一下，那些生命，它们可能像今天的猴子一样鲜活，也可能像雏菊一样宁静，可都是活生生的生命。经历一场浩劫，就没有了。地球上的生命所剩无几。惨不惨？

这一次生物大灭绝之后，统治海洋近 3 亿年的无脊椎动物沦为海洋里的配角，海蝎和一些珊瑚虫品种彻底完蛋，陆地上大部分的爬行动物永远地合上了眼睛……

在这次生物大灭绝之后，"哪，哪，哪……"，大地之上，渐渐出现了一些巨大的脚印，一群群面貌各异、身躯庞大的爬行动物出现在地球的各个地方，逐渐成为这个蔚蓝色星球的主宰。

1842 年，英国古生物学家理查德·欧文，根据这种动物留下的化石，给它们起了个英文名字——Dinosaur（念"戴纳索尔"），意思是"恐怖的蜥蜴"。我们中国人叫它恐龙。

恐龙，哦，不，"戴纳索尔"这次大灭绝，你都说过了。

是的，可恐龙是死于第五次大灭绝。中间还有个第四次。

哦？我钟爱的恐龙厉害呀！竟然逃过一劫？

是的。

第四次和第五次生物大灭绝

在距今 2.08 亿年的三叠纪，发生了第四次生物大灭绝。大约有 76% 的物种消失了。不过这次物种灭绝主要发生在海洋里，对陆地生物的影响并不大，而关于这次物种灭绝的原因，到现在也没有被找到。

我们前面讲到的恐龙灭绝事件，就是历史上的第五次生物大灭绝。

每一次生物大灭绝，在造成大量生命死亡的同时，也使新生物有了发展的机会。比如第三次生物大灭绝以后，恐龙逐渐统治了地球。恐龙灭亡后，哺乳动物得到了生存空间，经过不断的发展，才有了我们人类。从某种意义上讲，我们还要感谢那颗毁灭恐龙的星星，如果没有它，也许现在的地球还在恐龙的统治下，根本没有咱们的份儿！

你说的这些大灭绝，都是老远老远、几亿年前的事了，现在的人是怎么知道的？

那都是化石的功劳。

一般来说，生物死后，它们的尸体会逐渐腐烂。不过在特殊的条件下，也有例外，比如有些生物死后，尸体很快被泥土掩埋，经过漫长的时间而转变为化石。这些化石就成了我们研究古生物最好的标本。柠檬曾经看到过一只恐龙的化石，在它的胃里有很多小石子。说明这只恐龙需要靠石子的力量帮自己消化食物。这像不像现在的鸟类？所以，科学家们认为，这种恐龙是从恐龙到鸟类的过渡物种。

顺便说一句，研究化石还有一个惊人的发现：恐龙其实并没有灭亡。一部分个子不大的、吃肉的、生活在树上的恐龙，后来演化成了鸟类，仍然点缀着我们这个多姿多彩的地球。

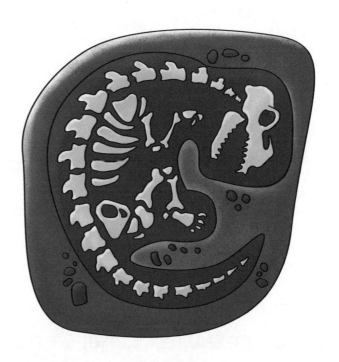

化石可以让我们了解很多已经灭亡了的物种，掌握生命进化的奥秘，也能揭示历史上的生命危机。比如，我们在白垩纪的化石中，可以找到很多恐龙的化石，说明在白垩纪，是有恐龙的。而在第三纪的化石中，我们没有发现任何一只恐龙的化石，说明在第三纪，恐龙已经消失。于是，科学家们断定，恐龙在白垩纪晚期就已经灭绝了。

是祸是福

除了前面讲到的 5 次生物大灭绝以外，地球上还经历了几十次小规模的生物灭绝。

美国的两位古生物学家对历史上的生物灭绝进行了详细的分析，他们得出了惊人的结论：大约每隔 2600 万年，地球上就会出现一次生物灭绝的高峰期！

为什么会这样？是上天对我们的惩罚吗？

当然不是，为了解释生物的周期性灭绝，美国科学家穆勒提出了"复仇女神"的猜想。

柠檬说过，宇宙中大部分的恒星都是双胞胎，也就是双星系统。两颗星像在跳交谊舞，你绕我转，我绕你转。我们的太阳不是双星，是单星，是"独生子女"。

可这个穆勒先生偏偏认为，太阳其实也是双星，只不过，它的双胞胎妹妹离得比较远，我们还没有发现它。穆勒先生还说得有鼻子有眼儿，说太阳的双胞胎妹妹在距离太阳 1.4 光年以外的地方。这可真够远的！ 1.4 光年相当于 13 万亿千米。按说，双胞胎姐妹都是亲亲热热、形影不离的，可这姐妹俩干吗离那么远呢？难道在赌气吗？这位穆勒先生也真够绝的！给它起个名，叫复仇女神。复仇女神的轨道周期是 2600 万年。

复仇女神要干吗？

在太阳系的边缘，距离太阳大约 1 光年的位置，有一个由大量小行星组成的小行星带，叫奥尔特云。奥尔特云均匀地分布在太阳的四周。通常，我们认为奥尔特云就是太阳系的边缘。

每过 2600 万年，复仇女神都会穿过奥尔特云一次。我的天哪！赌气的妹妹来这一趟，真是风云变色！它把奥尔特云内大量的小行星撞向太阳系内部。惨啦惨啦！地球这里，立刻水深火热！虽然地球的外面有"四大金刚"守着，可还是有一部分小行星会撞到地球，引起生物大灭绝。

一听说太阳还有这么一位脾气火暴的妹妹，科学家们都瞪大眼睛，想揭开它神秘的面纱。一通认真地计算之后，又有科学家说：复仇女神的质量大约为木星质量的 5~6 倍，远远小于太阳的质量，与其说它是太阳的伴星，还不如说它是太阳系的第九大行星。哟！虚惊一场！

尽管复仇女神的猜想已经提出 30 多年了，可是到目前为止，谁也没有看到过它。也有一些科学家认为，复仇女神根本不存在，生物灭绝另有原因。

不管怎么说，每隔 2600 万年会发生一次生物灭绝事件，这是确实的。上一次生物灭绝事件距今已有 1000 万年，它造成了地球上 10% 的生物灭绝。

哎哟！谢天谢地！还好！我们是安全的，离下次生物灭绝还有 1600 万年。

 先别高兴得太早。

SOS！新的大灭绝

一项研究结果表明，地球正进入一次新的生物大灭绝时期。地球上现有生物物种的灭绝速度是过去的 1000 倍，平均每小时就有一个物种灭绝。

这次赖不到小行星，也不怨复仇女神。这次的肇事者就是我们人类。

地球就这么大地方，人却越来越多，人口增加就侵占了动植物的地盘。

我们砍伐森林、消耗石油、使用煤炭，把地球这点家底儿慢慢耗光不说，还污染了环境。

人的本事大了，可以坐着火车、轮船、飞机满地球跑，也带着各种生物走南闯北。这无意中，造成了外来物种入侵，打破了当地的生态平衡。

有人估计，按照这样的速度发展下去，在未来的几百年内，我们就可能面临第六次生物大灭绝。到时会有 75% 的生命被摧毁。包括我们人类在内的大型动物都将不复存在，存活下来的将是类似蟑螂一样的害虫，因为它们的生命力更加顽强。

啊？太可怕了！那怎么办呢？

当然是要努力地保护野生动物，不要让它们灭绝哟，保护它们，也是保护我们自己。

那么我该怎么做呢？

首先是不要食用野生动物。知道吗？很多野生动物的灭绝都是因为我们太馋，把它们吃光了。

其次，过低碳生活，减少有害物质的排放。

最后，不属于本地的物种，不要随意放生，那样会破坏当地的生态平衡。比如让人谈之色变的食人鱼，本来生活在南美洲，作为一种观赏鱼，被带到我国。有些太有爱心的人可能不认识这种鱼，买来后，把它们放生到了江河里。这就糟了，悲剧了！目前在湖南、江西都发现了食人鱼。由于没有天敌，这些食人鱼恐怕会成为长江水域的霸主，长江中其他的鱼类可能会因此灭绝。

第 **9** 章

地震来了怎么跑

柠檬，我一直有一个问题不明白。

 你说说看。

地震之后，电视新闻里都说，灾区下大暴雨。刚开始我以为是巧合，老天爷单咬病鸭子。后来我留心一下，发现每次地震之后都下大雨。这不是巧合吧？

 你真棒！善于观察，善于总结。这样你会揭开更多的奥秘。

呵呵，是吗？我有你说的那么好吗？

 当然啦！这次你的发现又很了不起。下大雨就是地震带来的次生灾害之一，还记得我们说过的次生灾害吗？

记得。可地震是地里头震动，下雨是天上的事，这两件事怎么扯到一起去了？

 听上去是挺不可思议的，根本挨不上边嘛！可这里头，有一个看不见的奥秘，柠檬来告诉你。

为什么地震后都要下大雨呢

　　地震就是地壳运动的表现。那些成了"灾区"的地方，肯定是经历了大地震——很严重、很剧烈的地壳运动。

　　这个过程中，破坏是很大的：地动山摇、山崩地裂、房倒屋塌……你说，地表还会完好无损吗？当然不会，地面会裂开大口子。我们在灾区的照片里，也可以看到地面的大裂缝，触目惊心！

　　这时，地壳中的气体就会通过裂缝散发到大气中。这些气体中含有大量的水蒸气，同时，地震还会引起地表温度上升，加速了水分的蒸发。这些水分到了高空，遇冷就会引起降雨。所以，大震过后，震区一般都会下大暴雨。

　　除了天气的变化，地震还会引发山体滑坡，造成河流改道，引发洪水。要是地震发生在海洋深处，还会引发海啸。

天天都有的"灾难"——地震

我的妈呀！好吓人啊！还好，地震不是天天有。

 不是吓唬你，地震就是天天有。即使仅仅是华北地区，也几乎每天都会发生地震。

啊？别逗了！天天有地震，那我怎么没感觉到呢？

　　地震其实是一种很常见的自然现象，和刮风下雨、打雷闪电一样。地球上每年发生的地震有 550 多万次。你用 550 万除以 365 天，看看每天地震的次数是不是多得吓人？而你的生活风平浪静，什么也没感觉到，那是因为大部分地震的震级都很小。你听说过里氏多少级地震吧？小于 3 级的地震，被称为小震，一般我们都感觉不到。

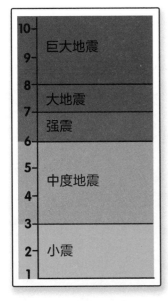

地震震级

大于 3 级、小于 6 级的地震被称为中度地震，也不是特别可怕。你可能觉得头晕，你会发现屋里的灯莫名其妙地晃动。中度地震一般不会弄得房倒屋塌，除非正好待在震中位置，或者不幸住在豆腐渣房子里。

大于 6 级的地震叫强震。如果真的碰上了 6 级以上的强震，那么……还是赶紧跑吧！快！

柠檬你没听人说吗？地震时砸死的都是腿快的。

对！不能盲目乱跑。地震时的安全逃生，确实大有学问。

那你倒是快说说啊！

地震波就好比凶狠的"伏地魔"，我们要逃脱它的魔爪，就要做聪明的哈利·波特。首先，我们得了解一下这个"伏地魔"。

阴险的"伏地魔"

地震波是伴随着地震出现的一种波。它从地壳深处袭来，诡异难测、凶悍无比、破坏巨大，是不折不扣的现实版的"伏地魔"。那些令人心碎的山崩地裂、房倒屋塌实际上都是这位"伏地魔"的"杰作"。

地震波分为纵波和横波两种。纵波在地壳中传播的速度较快，横波在地壳中传播的速度较慢，所以地震发生后，最先到达地面的是纵波，它会使地面上下震动，随后横波到来了，它使地面前后左右抖动。

听明白了吗？这个"伏地魔"真是太有手腕了！它先派纵波做先锋，上下震动，把建筑物砖头之间的水泥震松，然后横波到来，前后左右一通摇晃，把房子震塌。

哇！这个地震波真是太阴险了！真比伏地魔还狡猾。

不过这种先纵后横，也给了我们一丝逃生的机会。

建筑物上下摇晃
——纵波的作用

建筑物左右摇晃
——横波的作用

地震来了怎么跑

地震来的时候，房子不会马上倒塌。这个时候赶紧跑！跑到空地上。

当然如果你在 3 层以上，那就不要跑了，因为纵波和横波到达的时间差一般只有几秒。如果你不能在这几秒之内逃到外面，那你还是赶紧找个地方躲起来吧，这样更加安全。

往哪里躲呢？

 这也是个问题。躲也是有技巧的，瞎躲和找死没什么区别！

千万不要跑到阳台上去，那绝对就是自杀。

最好能躲到墙角或者桌子底下，当然你要保证墙和桌子足够结实，可以帮你遮挡掉下来的砖头和天花板。

如果你家住的是高层楼房，请注意家里的墙有承重墙和非承重墙之分。不要躲在非承重墙的旁边，那样是十分危险的。那么，你平时，哦不！看完这一篇就赶紧去弄清楚，你家哪堵墙是承重墙，哪堵墙是非承重墙。记好了，记得牢牢的！

地震时可躲进厕所等狭小的空间或躲在墙角

地震时躲到书桌底下，可以避免被石块砸到

为防止余震和后续倒塌的建筑物等砸落，应该尽可能用木棍之类的东西，把周围的残垣断壁支撑起来

地震时，若躲在山脚下，容易被从山上滚下来的石头砸伤

　　前面说了，你有几秒钟的时间，可能的话，利用这几秒钟的时间为自己准备一些食物和水，这样可以让你在等待救援的时候不用忍饥挨饿。

　　如果你已经跑到外面了，恭喜你！

　　不过可别高兴太早。在你感觉地面不再震动之后，不要急着回到房间里去拿东西，因为大震之后总还会有余震。别拿余震不当地震，余震的危害有时候比主地震还要大，而且余震的持续时间很长。现在华北地区的一些地震，还是 1976 年唐山大地震的余震呢。想想余震多厉害，都过去那么多年了！

虽说知道该怎么逃生，心里还是怕怕的。你说，科技发达了，我们能不能想个办法，让地震不发生啊？

不行，地震不可避免。

那，我们能不能事先知道什么时候地震啊？要是事先知道要地震了，我就先买张飞机票。

哈哈，你太可爱了！躲到天上去啦？哈哈……怎么能知道什么时候地震呢？等会儿告诉你！

机场大巴

第 **10** 章

地，你什么时候震

既然地震不可避免，那么可不可以事先知道要发生地震呢？

我想起来了，张衡不是发明过一种地动仪，能预测地震吗？

 呵呵，你恐怕记错了。张衡的地动仪不能预测地震，但它可以及时报告哪个方向地震了。这也很重要哟！尤其在古代，通信和交通都不发达，及时知道哪里地震了，才能及时救援，可以挽救很多生命。

啊？我一直以为张衡的地动仪就是预测地震的呢，原来不是啊！那现在可以预测吗？

 有时候能，有时候不能。

哦？

 很值得骄傲呢，世界上最成功的一个预报地震的案例就发生在我国呢！

哦，是吗？怎么回事？快说说！

被成功预测的海城地震

1975 年 2 月 2 日起，辽宁海城发生了一连串奇怪的事，很反常。

先是接二连三地发生小地震，非常频繁。

到了 3 号，小地震不但没有停止，还越来越频繁，越来越厉害。

负责地震监测的科学家们，推推鼻梁上的眼镜，皱着眉头纳闷：这地球怎么了？

呀！又有新情况！

好端端的，地下水突然变浑浊了。

水里的放射性物质也突然变多了。

大量动物的行为异常：盘锦某乡的一群小猪在猪圈内相互乱咬，可不是一般的小打小闹，19 只小猪的尾巴被齐刷刷咬断！岫岩县火石岭村一头公牛傍晚无缘无故地狂跑狂叫，像吃错了药。岫岩县青峰村一只母鸡在太阳落山时，硬是飞上树顶，死活就不肯下来进窝……

"不好！像是要地震！"科学家们敏锐地做出了判断，"还等什么？赶快上报！"

2 月 4 日上午 10 时 30 分，辽宁省政府向全省发布地震预报。学校停课，工厂停产，商店停业，停止一切会议和娱乐活动。

什么？有人想看电影？心理素质真好！还有心情看电影。那就露天放吧，千万别进电影院！

算这些想看电影的人命大。

2 月 4 日晚上 7 点 36 分，地震发生了，里氏 7.3 级。

你想一想，天寒地冻的东北，2 月初的时候，多冷啊！冻得浑身哆嗦，还死扛着不进屋在外面躲避地震，需要多大毅力。还好，露天电影也算救人一命。

由于提前一天成功预报，这次地震的损失降到了最低。

海城地震是世界上首次成功预报的 7 级以上的地震。

好棒哟！这不是预测成功了吗？那以后也这样呗。

地，有时候会跟人开玩笑。让你觉得它要震，可它就是不震。

小地震频繁

大量生物反应异常

地震前，一些动物比人类更加敏感，会表现出异常反应，如青蛙成群结队地蹦上岸、老鼠搬家、鸡飞上树、鱼儿出水等

放射性物质增加

地下水变浑浊

逗你玩的帕克菲尔德地震

美国有个地方，叫帕克菲尔德，在加利福尼亚州。这个地方有趣！自从 1881 年起，每隔 22 年，这个地区就会发生一次 6 级左右的地震。按这一规律，在 1988 年，这个地方又该迎来一场地震了。而且，当地的地震监测数据也预示着要地震了。

1985 年，美国政府发布了地震预报，认为从 1985 年到 1993 年期间，该地区会发生一次 5.5~6 级的地震，最有可能发生的时间是 1988 年的 1 月。这是美国政府在历史上第一次发布地震预报。

哦？要地震？快准备！先是把这个地区的居民全部转移到了安全地带。帕克菲尔德成了一座空城。

然后，全世界的地震学家都跑来了，扛着最先进的仪器设备，精心地调试，保证仪器时刻处于最佳状态，随时准备监测地震，所有准备都做好了，就等着地震了。

可这回，地，就是不震！

6 级大地震并没有如期而至，倒是在 1992 年到 1994 年期间发生了 3 次 4 级左右的中度地震，让全世界的地震学家白等一场。正当人们以为这次不震了，再等 22 年吧——2004 年，帕克菲尔德地震了，6.0 级。

啊？搞什么呀！这地震预测怎么这样？动物都能预感到要地震，我们人怎么倒不行？科技不是都很发达了吗？

尺有所短，寸有所长嘛。动物的有些本事，我们人类确实没有。不过，我们也有很多方法来监测地震，比如监测地下水水位和杂质成分的变化，利用卫星测量地球上任意两点之间距离的变化，监控地球上任意一点重力和磁场的变化……不过遗憾的是，到目前为止，准确预报地震还是一件没有把握的事。

第 **11** 章

柠檬气象台

柠檬气象台，柠檬气象台，今天发布高温橙色预警：预计未来两天内，本市将出现35~37摄氏度的高温天气。请市民做好防暑降温准备。

（第二天，天气不热）

柠檬，怎么回事？你们预报有高温，哪有啊？这天气多舒服！连电风扇都不用开。你们怎么搞的？

 对不起！对不起！这是我们这里的橘子预报员发布的。它自己怕热，所以……

（当天傍晚）

 柠檬气象台，柠檬气象台，今天发布大风蓝色预警：预计明天本市将出现5~6级的偏北风，局部阵风可达到8级并伴有扬沙。请市民外出时不要在巨型户外广告牌附近逗留。

（第二天，果然刮风了）

柠檬，这次不错哟！你们的预报还挺准的。橘子预报员有进步了嘛！

 呵呵，这次不是橘子，是蒲公英预报员发布的。它对风最敏感了。

哈哈！真有意思！可不是吗？蒲公英靠风传播啊，当然对风最敏感了。

 蒲公英预报员对风和阳光，可有研究了！

为什么对风和阳光有研究呢？

 因为风也是阳光照射产生的。

啊？刮风怎么会和太阳有关？你又瞎说了吧？

 没有，这可是千真万确的，请听我说。

太阳偏心眼造成了风

　　地球的表面覆盖有厚厚的大气层。夏天做饭时，你家厨房和客厅的温度还不一样呢。地球这么大，大气当然不可能处处一样喽。在地球上不同的地方，大气的密度、温度、压力都各不相同。就像水会从高处流向低处一样，空气也会从气压高的地方，流动到气压低的地方，这就形成了风。

这好理解。可跟阳光有什么关系？

别急嘛，为什么大气压力不同呢？就要问问太阳啦。

高气压

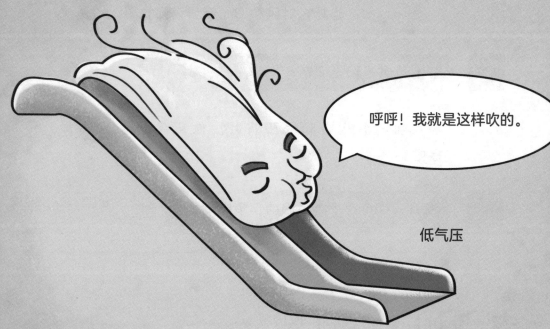

呼呼！我就是这样吹的。

低气压

　　在不同的时间、不同的地点，地面受到的太阳光的照射不同，地球表面受热不均匀，造成有的地方大气的密度高，气压就会高一些；有的地方大气的密度低，气压就会低一些。

　　比方说，在冬天，大陆的气温要比海洋的低，风从大陆吹向海洋，于是我国冬天经常会刮西北风。夏季就相反，大陆比海洋热，风从海洋吹向大陆，所以夏天东南风会多一些。这种随季节变换的风，叫作季风。

雷电雨雪也赖它

（又过了一天）

柠檬气象台，柠檬气象台，今天发布大雨黄色预警和雷电蓝色预警：预计明天本市将出现大雨，局部地区暴雨，雨量分布不均，全市平均降雨量预计将达 25 毫米以上，还将伴有雷电。请市民做好防雨防雷电准备。

（第二天，下雨了，但是不太大，也没有雷电）

柠檬，你们又乱说了！雨倒是下了，可雷电呢？别预警了！净吓唬人。

气象图示

不好意思！大雨是西瓜预报员发布的，它自己怕雨水怕淹嘛。

西瓜为什么怕雨水呢？

 天气旱一点，西瓜才甜。要是雨水太大，西瓜就不甜了。

噢！所以你们这西瓜预报员就没事吓唬人，说要下大雨啊？

 实在不好意思！

你别老让你的预报员研究太阳了，多研究研究下雨吧！

 可是，下雨也跟太阳有关……

别逗了！下雨天根本就没有太阳。

 那也有关系，是这样的……

阳光照射在地球表面，会使地面的温度比高空的高。地面的空气受热上升，形成从下向上的风。这样向上吹的风，会把地面上的水汽带到高空中。高空的温度比较低，水汽遇冷凝结，变成水滴。大量的水滴聚集在一起，就形成了云。空中的朵朵白云，像软软的棉花一样，你有没有想过，其实它们就是一些小水滴呢？

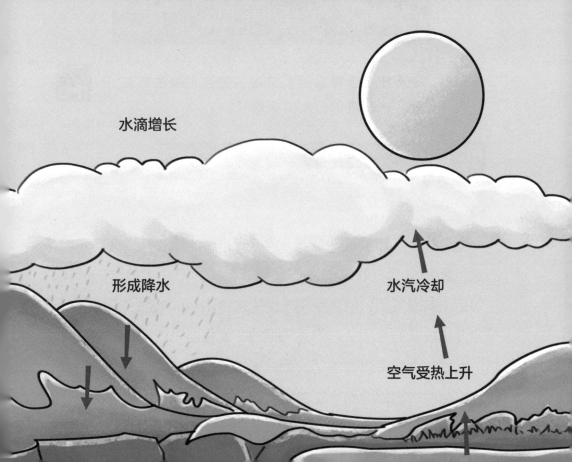

可水滴怎么能飘在空中呢？

 那是因为它们太小了，小到可以悬浮在空气中，不掉下来。如果云中的水滴太多、太大，大到空气托不住它们了，水滴就会掉下来。这就是下雨。

为什么水滴会变得太多、太大呢？

 因为云的温度降低了。空气中的水蒸气也会变成液态的水附着在小水滴上，同时相近的小水滴也会互相碰撞融合。于是小水滴就变成大水滴了。

云为什么会降温呢？又没人把它们放进冰箱里，也没有那么大的冰箱啊！

 有啊！谁说没有？有自然界的大冰箱！

　　你在听天气预报的时候有没有听到过这样的话："从南方吹来的暖气团和从北方吹来的冷气团相遇，从而产生大范围的降雨。"这句话里的暖气团，就是我刚才说的富含水汽的气团，而冷气团就是温度比较低的气团。它们俩一相遇，就相当于把暖气团放进了冰箱。大量的大水滴就诞生了，雨就下来了。

　　这两种气团相遇而产生的雨，有个帅帅的名字，叫锋面雨。因为冷暖气团相遇的时候,冷气团比较重,它会像一把锋利的刀子一样,直接插到暖气团的下面。冷暖气团的交界面,被专业人士称为锋面。

"嘁"!锋面雨大驾光临,往往还会电闪雷鸣——"轰隆隆"!

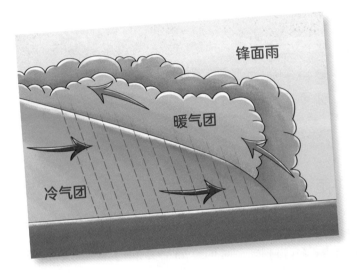

地面水汽的上升形成了云。在这个过程中,由于空气分子的不断摩擦,会产生静电。所以"云"不可貌相,看上去软绵绵的,其实都是带电的!

因为空气是不导电的,所以这些静电不会消失。当两块来自不同地方的云相遇的时候,除非它们的电压一样,否则就会产生放电现象——"嘁",我们在地面上看到,一道闪电掠过。没过多久,"轰隆隆"——雷声震天!

雷电,其实就是一种剧烈的放电现象。

有的时候,由于云中的静电实在太多,还会发生云层与地面的放电现象,这就是劈向地面的雷电。这种雷电可不是什么都劈的,也不是像老人说的那样专劈恶人,而是专找个子高的劈。在城市中,它会优先照顾那些最高的建筑物。在空旷的草原上,它会去劈大树。为了不挨劈,所有的高层建筑物都会安装避雷针。

你们这次又预报错了，没有雷电嘛！真差劲！

 唉！这次，雷电预警是小枣预报员发布的，枣树高嘛，它怕雷劈，所以……不过雷雨天，你可千万不要在树下避雨，很危险的！

夏天下雨，冬天下雪，它们的原理是一样的。不过在冬天，由于天气太冷，云中出现的不再是小水滴，而是小雪花。当这些小雪花聚集成大雪花的时候，呵呵，就要下雪了。

地上的云，天上的雾

 哎，对了，你见过地上的云吗？在一些特殊的天气中，高空的温度会比地面的温度高。如果这时候，有很多小水滴的话，水汽就不会升到高空，它们就会在地面形成云。你遇到过没有，一出门，发现远处的楼都看不清楚了，空气湿漉漉的？

那不就是大雾么？

没错！雾就是地面上的云。

可雾就不带电。

对呀，它没有上升，没有与空气摩擦嘛。当然不带电。好了，时间到了！我要发布今天的柠檬气象台天气预报了。哎哟！又有情况！柠檬气象台，柠檬气象台，今天发布低温寒潮橙色预警：预计一股强冷空气明天抵达本市，气温将大幅度降低。夜间最低气温将降到 0 摄氏度以下，白天最高气温是 3 摄氏度。请市民做好防寒准备。

等会儿，我先打听一下，这又是你们哪位预报员发布的？

哦，香蕉预报员。

哼，算了吧！香蕉自己就怕冷怕凉。这回我不相信你们了。

哎，别呀！你还是把厚衣服准备好，万一冻坏了呢？

净瞎说，老是不准。你这个柠檬气象台趁早
关门算了，太不靠谱了！

昨日天气预报公众满意度
中央气象台：100%
柠檬气象台：0

第 **12** 章

天气预报
什么时候不准

第二天没有降温，下雨了……

柠檬，你看！没有降温吧，下雨了。你们又报错了。

唉！实在对不住啊！

以后再也不听你的预报了，我还是听专业气象台的天气预报吧。

可你知道天气预报什么时候不准吗？

这还用问？你这个柠檬气象台的就不准。快关门吧！

好，好！我承认。可专业气象台的天气预报也会有时候不准呢。你知道吗？

专业气象台的天气预报？哦，那一定是报错的时候不准。

啊哦……你说得对！真聪明！不过，还有一种情况。

还能有什么情况？要么对，要么错，报对了不就准了吗？

别急！我先给你讲个故事。

天气图预报法

1854 年 11 月 14 日，英法联军和俄罗斯在黑海海面上展开了一场规模空前的大海战，正当双方激战正酣时，一场风暴突然降临。巨大的海浪席卷了双方的战船，英法联军险些全军覆没。

尽管最终还是英法联军取得了胜利，可这场风暴把他们吓得够呛。用现在的话说，有心理阴影啦，心里都觉得：不行！以后要再来这么一场风暴，可真要命！于是，法国军方就请巴黎天文台台长勒佛里埃研究这次风暴。

这个台长还真不含糊。他搜集了风暴前 5 天欧洲各国的天气记录，发现这次风暴来自大西洋，先后横扫了西班牙和法国，最后到达黑海。这个勒佛里埃就想："这次风暴从表面上看来得突然，实际上它有一个发展、移动的过程。如果在欧洲各国都建设多个气象站，就可以得到各地翔实的气象资料，将这些气象资料集中到一起，通过分析绘制出天气图，就有可能推断出未来天气的变化。"

这个想法在法国立刻得到支持，英国人听了也说好，德国人听了也觉得靠谱！世界各国的人都觉得，有必要这么搞。由此，人们认识到，准确预测天气是可能的！

也许我们可以预测天气？

嘿嘿！有意思！我姥爷也会看天，什么"天上钩钩云，地上雨淋淋""八月十五云遮月，正月十五雪打灯"，你说，这算预测吗？

也算！不过这是根据经验得来的，并不一定科学，有些也不准。

在勒佛里埃的积极推动下，1856 年，法国成立了世界上第一个正规的天气预报服务系统——这才是真正科学意义上的天气预报。

直到现在，人们还在使用勒佛里埃提出的天气预报的思想。不过与 100 多年前相比，我们可以得到更加准确的气象资料——因为有了气象卫星。这个家伙厉害！有了它，可以更加精确地观测天气现象。

可尽管如此，我们还是无法做到准确预测天气。为什么呢？不是我们太笨，是敌人太狡猾，因为天气系统实在太复杂了！比方说，我们观察到一块降雨云团在东海海面形成，根据云团移动的速度，我们预测一天后，云团会移动到上海上空。可是云团哪那么听话啊？它的移动速度不是一成不变的，能预测它会到上海，可什么时候到啊？是在 20 小时后，还是在 30 小时后到？谁也说不准。到了上海以后，是让上海下场雨，还是仅仅阴天？这都不好说。

啊？怎么不好说呢？我看天气预报里的人都很肯定啊！告诉咱："明天最高气温 33 摄氏度，风力 2~3 级……"原来，他们也没谱啊？

呃……有人说，天气预报员恐怕是唯一说谎却不扣工资的职业。

数值天气预报法

呵呵，开个玩笑啦。勒佛里埃提出的方法被称为"天气图预报法"，是目前天气预报的主流方法。用这种方法，预报的结果与预报员的实践经验有很大的关系，有不少主观成分。为了更加客观地预报天气，人们又提出了"数值天气预报法"。

数值天气预报法源于 20 世纪 20 年代。当时，随着物理学和大气科学的发展，人们总结出了一系列描述天气现象的方程。科学家们期望通过求解这些方程来精确预报天气。

解方程，算天气——可能你听着有点玄。不过，通过求解方程来预知未来，是当时科学界的主导思想。那时科学家们认为，宇宙是一个庞大而又精准的时钟，这个时钟忠实地按照我们已知的规律运动。只要解方程，我们就可以得到任意时刻，哪怕是千百年以后宇宙运动的状态。这种思想叫"决定论"。

决定论起源于 18 世纪，随着人们运用牛顿理论先后算出海王星和冥王星，决定论逐渐成了当时科学界的主导思想。当时的科学家们雄心勃勃，认为只要计算能力足够强大，我们甚至可以求解我们的一生，知道未来会发生的任何事。

柠檬悄悄话

　　运用牛顿理论算出海王星和冥王星？什么情况？想了解更多，请阅读本套书中的《天文，太有趣了！》第 8、9 章"'柠檬号'太阳系飞船"。

人们坚信，决定论也可以用于天气预测。1922 年，英国的科学家查理逊搜集了大量的气象数据，动用了 64000 名工作人员求解天气方程，进行了历史上第一次数值天气预报的尝试。那时候没有计算机，你可以想象一下，这 64000 人肯定给累得够呛。可是，这项工作还是以失败告终。

　　1950 年，"现代电子计算机之父"冯·诺依曼用一台重达 30 吨的电子计算机又一次做这个工作。算倒是算出来了，不过他的计算结果并不比古人的"夜观天象"更准确。尽管如此，人们还是相信，只要计算机足够强大，总有一天，人类可以准确预测天气——真执着啊！

洛伦茨的蝴蝶

　　美国的气象学家洛伦茨就是这么一个执着的人。他在前人工作的基础上给出了洛伦茨方程组，用于模拟天气过程。他在求解天气问题时，以某一天的天气情况，比如当天的气温、湿度、气压、风力、风向等作为基础，求得第二天的天气情况；然后，计算机自动把第二天的天气情况作为基础，求解第三天的天气情况……如此不断计算下去，我们就可以得到以后每一天的天气情况——想得还是挺好的！

　　1961 年的一个冬天，洛伦茨开始了他的计算。第一次计算花了他半天的时间，为了检验计算结果，洛伦茨决定使用同样的数据再计算一次。当时的计算机可不像现在的电脑，不仅个头巨大，运算速度也慢得要命。为了节省时间，在第二次计算中，洛伦茨直接使用了第一次计算中的一组中间数据作为初始条件。把数据输入后，就是等啊等啊等……为了消磨时光，洛伦茨到隔壁的办公室沏了一杯咖啡。正所谓"山中方七日，世上已千年"，一个小时后，当洛伦茨回到实验室的时候，计算机已经算到了 2 周以后的天气情况。看到结果，他大吃一惊！新的计算结果与上一次的差远了。

怎么会这样？同样的方程、同样的数据，为什么会有如此不同的结果？

经过仔细检查，洛伦茨发现了问题，他在第二次计算时，直接使用了第一次计算中的一组中间数据，其中的一个数据是0.506127，而为了省事，洛伦茨在输入数据的时候，只输入了0.506，就这么一点点的小差别，最终的结果就完全不同，真是"失之毫厘，差以千里"。

洛伦茨的发现很了不起。因为在传统的观念里，初始条件有小的差别是没关系的，初始条件的小误差，对结果产生的影响也是很小的。洛伦茨的发现恰恰告诉人们，小误差可能带来大变化，洛伦茨把这种现象命名为"混沌"现象。

别小看这句简单的"小误差可能带来大变化"。它让人彻底死心了，知道了准确预测长期的天气状况是不可能完成的任务，因为我们不可能知道某一天天气的精确数据，任何测量都有小误差，而小误差会带来大变化。

1972年，洛伦茨在美国科学发展学会第139次会议上，正式提出了"蝴蝶效应"：假如在巴西，有一只蝴蝶拍打了一下翅膀，产生的气流也许会引发美国得克萨斯州的一场龙卷风。他用这个比喻形象地说明长期的天气预报是不可能的。

我刚才问的"天气预报什么时候不准"，就是想告诉你，长期天气预报是不准的。现在，我们可以在网上查到7天以内的天气预报，不过往往3天以内的天气预报才是比较准确的。如果发生大风、冰雹、暴雨等极端天气，气象台还会发布实时天气预警，因为面对这样的极端天气，往往一小时前的预报都可能不准确。

啊！那我姥爷说的"八月十五云遮月，正月十五雪打灯"不就是长期天气预报么？怪不得我就觉得不对呢。哎，雨停了，看！彩虹！

 好漂亮！有首歌里唱："阳光总在风雨后，请相信有彩虹……"

 哎！柠檬，你还说我姥爷呢！你这也是用经验预报天气，有时候下雨后就没有彩虹，你这也不准啊，我就经常看不到彩虹。

 呵呵，我说，风雨后一定有彩虹！

第**13**章

糟糕！地球发烧了

热！好热呀！

夏天嘛，就是这样喽。

可我妈妈总说，她小时候，夏天没有这么热。真的是越来越热了吗？

是的，我们的地球发烧了。

啊？为什么啊？

你听说过"温室气体"这个词吧？

听过。我知道，就是二氧化碳，从电视里听到的。不是老说"低碳"吗？就是减少二氧化碳。这我都知道。就是二氧化碳让地球发烧的吗？

是呀。二氧化碳就好比给地球盖了个大被子。

可是，本来地球上就有空气，就是大气嘛。空气里本身就有二氧化碳呀，为什么现在地球发烧了，就赖在二氧化碳身上？

你的问题棒极了！说明你真的很聪明。会问问题，是一种非常重要的能力。没错！地球上本来就有大气层，它对地球有什么作用？二氧化碳到底对地球干了什么？说到这，你有没有想过一个问题：太阳不断地照耀着大地，不断送来热量，那地球的温度为什么没有越来越高呢？

哦？我没想过，也不知道。

地球的"玻璃罩子"

　　地球没有一直升温，是因为地球也在不断向外辐射热量。任何物体都在不断向外辐射热量，温度越高，辐射就越厉害。地球的平均温度是 15 摄氏度，当然也要辐射热量。不过与太阳不同，地球辐射的热量以红外线为主，所以地球不发光。

　　地球的表面被厚厚的大气层覆盖。对地球来讲，大气层就像一个玻璃罩子，一方面，它可以阻挡一部分太阳光，使白天地球的温度不会升得太高；另一方面，它也会阻挡地球向外辐射热量，使夜晚地球的温度不会降得太低。

　　可不要小看这个玻璃罩子哦，如果没有它，我们可就惨了。看看我们的邻居火星吧！由于没有大气层的保护，在白天，火星表面的温度高达 290 摄氏度；到了夜晚，一下子降到零下 125 摄氏度。好家伙！要么热死，要么冻死。这种鬼地方，冰火两重天，人怎么待得下去啊？

看我们地球多好！

经过 46 亿年的演变，地球达到了一个平衡点。也就是说，地球从太阳那里得到的热量，和地球向宇宙空间辐射的热量相差不大。所以地球就不会像抽风似的，一会儿冷一会儿热，基本保持一样的温度。

温室气体：就像盖了 30 条毛巾被

不对啊！一年有四季，春夏秋冬的温度都不一样，你怎么能说一样呢？

 哦！对不起！我用词不妥。不是"一样"，应该是"大体不变"，指的是地球的年平均气温，它告诉我们地球环境的整体变化，而不是局部的变化。

嗯，这还差不多。

我们刚才说的是，地球大气就好比是个玻璃大罩子，让地球温度大体不变。那"大被子"和"大罩子"有什么不一样呢？你喝过汽水吧？

喝过，我喜欢葡萄味的。

 好！喝过之后，打嗝了没有？

嗯，是打嗝了。

那是因为汽水里充进了二氧化碳气体。这种气体去你肚子里走了一圈，"呃"的一声，让你打了个嗝。说起来，它对人体并没有害处。空气里的二氧化碳会做什么呢？它会大量吸收和反射地球向宇宙空间辐射的热量，换句话说，把地球原本该向外辐射的热量给挡住了，不让它们出去。

打个比方，二氧化碳像是地球的毛巾被。在空气里有一些二氧化碳，正好可以帮地球保温。像夏天我们盖着一条毛巾被，睡觉很舒服。可你想想，要是让你盖上30条毛巾被睡觉，那是什么滋味儿？肯定要捂出病来。

我们可爱可怜的地球，现在就被严严实实地盖了几十条毛巾被，并且，它还在一个劲儿地接收太阳的辐射。吸收的热量不变，散出的热量却在减少，这会怎样？

地球就越来越热，发烧了。

 对！这就是温室气体让地球发烧的原因，不单是二氧化碳，甲烷也是温室气体。

可是谁给地球盖了这么多被子呢？

 还能有谁？当然是我们啦！就是人类自己呗！

我们要取暖，要做饭，要建工厂，要炼钢铁，这些都需要烧煤或者天然气；我们出门要开车，出去旅游要坐火车、坐汽车、坐飞机，这些都要烧汽油或柴油，而汽油和柴油是从石油中提炼出来的。

煤炭、石油、天然气，它们在燃烧时都会放出二氧化碳。

你，我，他，我们都在给地球盖上一条讨嫌的大被子。

看，这条大被子把地球给捂得！

自 1975 年以来，地球的平均温度已经上升了 0.5 摄氏度。科学家们预计，如果不减少二氧化碳的排放，到 21 世纪末，地球的平均温度还会再上升 1.5 摄氏度。地球发烧了！

才上升 1.5 摄氏度啊？就一点点嘛！

可这么大个地球整体上升 1.5 摄氏度，就很不得了了！说出来吓你一跳！

就这 1.5 摄氏度会让南北极的一部分冰川融化。冰川融化会导致海平面上升。预计到 21 世纪末，全球海平面会上升 1 米。

这 1 米意味着什么呢？

一些海岛会被淹没，世世代代住在岛上的人就要无家可归了。

沿海地区部分土地会被淹没。请你放下书，去找张世界地图，看看纽约在哪儿，东京在哪儿，香港在哪儿。地球上大部分经济发达的城市都在沿海地区，也包括我们国家的经济金融中心——上海。上海市区的平均海拔是 4 米。如果海平面上升 1 米，那么恐怕一些沿海的郊区可能要泡到海里去了，那些石库门和弄堂也可能更危险了。

冰川的融化还会搅乱全球气候，台风、暴雨这样的极端天气会经常出现。

另外，在冰川里面，可能冰封着一些远古时期的细菌和病毒。要知道，冰冻是不能杀死这些细菌和病毒的，而且我们对它们没有任何抵抗力和免疫力。所以，你想想，一旦把它们放出来……

可以说，全球气候变暖是我们人类的灾难！

为了保护地球的环境，我们必须减少二氧化碳的排放。

那应该怎么做呢？

低碳生活，从身边做起

还记得你自己发烧的时候吗？体温超过 38.5 摄氏度，妈妈一定给你吃过一种粉红色、甜甜的药水，叫退烧药。喝了它，你的小脸就不再红得像苹果，你的脑门也不那么滚烫，妈妈的眼神也就不那么焦急了。

让我们每个人都来做一滴地球的退烧药吧！

如果你的小手能及时按灭一盏不需要的电灯，那么每节约一度（千瓦时）电，就会少排放 0.8 千克二氧化碳。

如果你的小腿愿意多走几步路，让爸爸少开一天车，就会少排放 8 千克二氧化碳。

如果你愿意小小克制一下自己的爱美之心，少买一件不必要的衣服，就会少排放 2.5 千克二氧化碳。

如果用你好用的小脑瓜，提醒家人去超市时自带购物袋，每少用一个塑料袋，就会少排放 0.1 千克二氧化碳。

如果你愿意勤快点，把洗过衣服、青菜的水收集起来，擦地、冲厕所，每节约一吨自来水，就少排放 0.9 千克二氧化碳。

等等，你说的这些我都能做到，可是用电和排放二氧化碳有什么关系啊？

电是天上掉下来的吗？我国北方的大部分地区，发电厂都是靠烧煤来发电的。那可是要排放很多二氧化碳的哟。

哦，那好，我不开灯了。以后不写作业的时候，我就点蜡烛。

哦，很遗憾，一根标准大小的蜡烛燃烧1小时会释放二氧化碳0.021千克，也不少哟。

那，那我就黑着跟你聊天。

哈哈，你真可爱！不用那样啦。如果用11瓦的节能灯代替60瓦的白炽灯，按一天开灯4小时算，一年下来就会减少排放57千克二氧化碳。

好！我马上就做，做一滴地球的退烧药！

第 **14** 章

PM2.5 军情解码

柠檬！你那个柠檬气象台真没用啊！你看看这个天气，你们也没有提前预报有大雾。没事净吓唬人，真有情况了，你们倒不发预警了。

唉，你忘啦？柠檬气象台因为太不专业，投诉太多，早关门大吉了。这天气嘛，是挺烦人的！可这真不是雾，而是一种可恶的小坏蛋！

什么？什么小坏蛋？

它们就在我们眼前，可我们就是看不见它们。不光看不见它们，这种小坏蛋还搞得我们看不见蓝天，看不见远山，整个城市都让它们弄得看不清楚了。

真狡猾！太讨厌了！可它们到底是什么呀？

它们叫霾（mái）。霾的大军里，有一股超迷你、超精锐的别动队，代号"PM2.5"，杀伤力极强，超级可怕。

PM2.5？我听说过，可不知道是什么意思。

那么柠檬就给你来个"军情解码"，全方位解密 PM2.5 这支神秘、阴险的别动队。

兵力大起底

　　还记得雾是什么吗？雾是大量悬浮在空气里的小水滴。霾则是大量悬浮在空气里的小颗粒。简单地说，雾里面都是液体，霾里面都是固体。

　　在霾的大军中，有各种大大小小的烟尘、各式各样的粉尘，还有形形色色的灰尘，它们都是小颗粒。虽说全都小到人眼无法看见的程度，但是仔细辨认的话，也是有大有小，什么样的都有。在霾的大军中，凡是直径小于 2.5 微米的小颗粒，统统被编入 PM2.5 这支别动队。

柠檬悄悄话

　　"微米"是什么东西？我只知道"毫米"就是最小的了。

　　微米比毫米还小，1000 微米等于 1 毫米。怎么形容呢？2.5 微米大概只有头发丝直径的 1/30。

　　PM2.5 还有一个专业的名字，叫细颗粒物。在电视台的空气质量播报中，你会听到它。

这个别动队要干吗呀？有什么特殊任务？

 当然要执行特殊使命。它们就像尖刀一样，深入敌人腹地。

什么敌人？谁是敌人？

 就是我们，就是深入我们的身体。

啊？！快说！怎么回事？

　　我们时时刻刻都在呼吸。空气中总是有灰尘或者说小颗粒。我们呼吸的时候，会吸进这些小颗粒。也就是说，霾军团的士兵趁机进入了我们的身体。

　　不好！有敌军入侵！我们的身体会立即投入阻击战。

　　鼻子里的毛毛是第一道防线。比较大一点的颗粒，直接被拦截在这道"封锁线"上。

　　可是，还有一些个头小一点的颗粒，仗着自己身体灵活，绕过了鼻子里的毛毛，进入了我们的气管。第二道防线——气管里的纤毛，立刻挺身而出，先是奋力拦截，然后将它们驱逐出境。

　　大部分霾军团的士兵，并不能真正入侵我们的身体。只有一小股精锐部队成了漏网之鱼，成功穿越几道防线，那就是别动队——PM2.5。

因为它太小了，那些绒毛根本拦不住它。它们穿过鼻腔，经过咽喉，进入气管，长驱直入，直达我们的

肺里。要说这些小颗粒本身并不太可怕。可怕的是，它们很多都携带了化学武器和生物武器！有些小颗粒上会附着二氧化硫或者硝酸，有些小颗粒上还趴着病毒或者细菌。它们也会随着这些小颗粒，一起通过肺泡进入我们的血液。

啊？！病毒？细菌？快！快给我一个防毒面具！

看把你吓得！别那么紧张。我们的身体不是一个可怜的垃圾桶，被丢进什么就装什么。血液里有大量白细胞、吞噬细胞，我们人体有免疫系统。它们会前赴后继，与进入血液的有害物质进行殊死搏斗。

哎哟！我都让你弄糊涂了。这PM2.5到底可怕不可怕？对人有害没有？

当然可怕！当然有害！对它要正确看待。它对人的害处是长期大量积累后才显示出来的。就像我们知道，吸烟有害健康，但你见过谁吸了一口烟就立刻死掉？

嗯，不会的，除非有人给烟里下了剧毒……

是的。当PM2.5浓度比较高时，我们应尽量避免户外活动，在家也不要开窗通风。外出时，不要长时间剧烈运动，避免吸入太多PM2.5。

我懂啦！吸进不太多的PM2.5，对人不会有明显的伤害。可是长期吸进很多的话，就可能危害到人的健康了，是不是？

对啦！科学就是要全面、严谨。不能片面，不能只强调一面。对PM2.5，我们不能不拿它当回事，也不能被它吓死。

可这些PM2.5是从哪里来的呢？

哦，它有这么几个来源。

反攻总动员

　　首先就是工业污染。工业生产过程中，往往会产生大量有毒有害的气体和灰尘。如果企业只考虑降低自己的成本，不对这些污染物进行任何处理，那么你就看看工厂里矗立的大烟囱吧！浓烟滚滚冒出，呼呼呼地，二氧化硫、氮氧化物就这么被排放到空气中。大大小小的烟尘颗粒，源源不断地为空气中的霾军团输送兵力。PM2.5自然也在其中。

还有烧煤。你有没有注意到，我们国家北方，冬天的天空老是一片灰蒙蒙的。中央气象台预报霾、发布霾预警也是在冬天比较多。为什么呢？

因为我国有丰富的煤炭资源。烧煤取暖，已有上千年的历史。可是煤炭在燃烧过程中会释放出大量的灰尘、二氧化硫、一氧化碳等有害物质。当然，也少不了PM2.5。

呵呵，我们家是用电取暖的，不烧煤。嘿嘿，这可是清洁能源。

 你忘了吗？我们说过，在我国北方的大部分地区，电也是靠烧煤得到的。还会污染空气。

我知道啦！汽车尾气里也有PM2.5。另外，每次从汽车后面走过，你都想捂鼻子吧？汽车尾气中含有一氧化碳、二氧化硫等众多有害气体，它们为霾军团提供了"化学武器"。汽车在路面上驶过，也会带起大量的灰尘，这些灰尘则是霾军团的兵力来源。

对啦。要是有一天，你发现，呀！天空灰蒙蒙的，不好！今天战云密布，霾军团已经部署了天罗地网，PM2.5已经埋伏在空气中，杀气腾腾，那就准备一块盾牌吧。

什么盾牌？

口罩。不是纱布口罩——那种白白的、厚厚的口罩——也叫医用口罩。这种口罩可以防住比较大的飞沫、灰尘和细菌，可是防不住精锐部队PM2.5。要买那种能防PM2.5的口罩。这才能在身体外，筑起抵抗PM2.5的第一道有效防线。

怎么才能消灭空气中的PM2.5呢？

办法有很多。一阵大风，就能让这些小坏蛋四散溃败。要是来一场"水战"，下场大雨，也会把PM2.5冲个落花流水。最好的办法，就是我们主动逼迫霾军团"裁军"，减少向空气中排放有害气体和烟尘，让PM2.5别动队无法吹响集结号。

那就能每天看见天蓝蓝、水清清、白云飘飘了，那可太好了！